中华人民共和国行业推荐性标准

装配化工字组合梁钢桥通用图

General Drawing of Prefabricated I-Type Composite Beam Bridge

双向四车道上部结构

编　　　号：JTG/T 3911-03—2021

跨　　　径：3×50m

斜　交　角：0°

汽车荷载等级：公路—Ⅰ级

桥梁宽度：2×12.75m

人民交通出版社股份有限公司

北　京

图书在版编目（CIP）数据

装配化工字组合梁钢桥通用图：JTG/T 3911—2021 /
中交公路规划设计院有限公司，装配化钢结构桥梁产业技
术创新战略联盟主编. — 北京：人民交通出版社股份有
限公司，2021.12

ISBN 978-7-114-17771-2

Ⅰ.①装…　Ⅱ.①中…②装…　Ⅲ.①钢桥—工形梁
—技术规范—图集　Ⅳ.①U448.36-65

中国版本图书馆 CIP 数据核字（2021）第 262920 号

标准类型：中华人民共和国行业推荐性标准

标准名称：**装配化工字组合梁钢桥通用图**

标准编号：JTG/T 3911-03—2021

主编单位：中交公路规划设计院有限公司

　　　　　装配化钢结构桥梁产业技术创新战略联盟

责任编辑：黎小东　丁　遥

责任校对：孙国靖　席少楠

责任印制：张　凯

出版发行：人民交通出版社股份有限公司

地　　址：(100011)北京市朝阳区安定门外外馆斜街 3 号

网　　址：http://www.ccpcl.com.cn

销售电话：(010)59757973

总 经 销：人民交通出版社股份有限公司发行部

经　　销：各地新华书店

印　　刷：北京市密东印刷有限公司

开　　本：880×1230　1/8

印　　张：12.5

版　　次：2021 年 12 月　第 1 版

印　　次：2021 年 12 月　第 1 次印刷

书　　号：ISBN 978-7-114-17771-2

定　　价：3000.00 元

（有印刷、装订质量问题的图书，由本公司负责调换）

中华人民共和国交通运输部

公　告

第 78 号

交通运输部关于发布

《装配化工字组合梁钢桥通用图》的公告

现发布《装配化工字组合梁钢桥通用图》(JTG/T 3911—2021)，作为公路工程行业推荐性标准，自 2022 年 4 月 1 日起施行。请使用者依据法律法规，根据通用图的使用条件和具体情况复核论证后采用。

《装配化工字组合梁钢桥通用图》(JTG/T 3911—2021) 管理权和解释权归交通运输部，日常管理和解释工作由主编单位中交公路规划设计院有限公司负责。

请各有关单位注意在实践中总结经验，及时将发现的问题和修改建议函告中交公路规划设计院有限公司(地址:北京市东城区前炒面胡同 33 号,邮政编码:100010)，以便修订时研用。

特此公告。

中华人民共和国交通运输部

2021 年 12 月 8 日

交通运输部办公厅　　　　　　　　　2021 年 12 月 13 日印发

前 言

推广应用钢结构桥梁通用图,可显著提升我国公路钢桥建设品质、安全性和耐久性,是实现我国公路桥梁高质量发展的重要举措。根据《交通运输部关于下达2020年度公路工程行业标准制修订项目计划的通知》(交公路函〔2020〕471号)的要求,由中交公路规划设计院有限公司承担《装配化工字组合梁钢桥通用图》的制定工作。

2022年4月1日起,《装配化工字组合梁钢桥通用图》(JTG/T 3911—2021)作为公路工程行业推荐性标准图集颁布实施,40~60m跨径钢桥宜优先选用工字组合梁标准结构。

本标准编制缘由:钢结构桥梁具有自重轻、抗震性好、跨越能力强、使用寿命长、便于工厂化生产、综合能耗低、对环境影响小等优势,但在钢结构桥梁建设方面,我国与美国、日本、法国等发达国家相比,工业化、产业化水平低,差距明显。

本标准编制指导思想:通过"标准化设计、工厂化生产、装配化施工、信息化管理、智能化应用",推动我国钢结构桥梁产业转型升级,实现"绿色发展、循环发展、低碳发展、高质量发展"。

本标准主要内容包括:双向四车道3×30m、3×40m、3×50m、3×60m工字组合梁钢桥上部结构,双向六车道3×30m、3×40m、3×50m、3×60m工字组合梁钢桥上部结构。本册图纸按三跨连续梁控制设计,一般情况下尽可能采用六跨一联或五跨一联,但不得少于三跨一联。

本标准编制主要依据:《公路工程技术标准》(JTG B01—2014)、《公路桥涵设计通用规范》(JTG D60—2015)、《公路钢混组合桥梁设计与施工规范》(JTG/T D64-01—2015)、《公路钢结构桥梁设计规范》(JTG D64—2015)、《公路钢筋混凝土及预应力混凝土桥涵设计规范》(JTG 3362—2018)、《公路交通安全设施设计细则》(JTG/T D81—2017)、《公路桥梁钢结构防腐涂装技术条件》(JT/T 722—

2008)、《公路桥涵施工技术规范》(JTG/T 3650—2020)和《钢结构工程施工质量验收标准》(GB 50205—2020)等标准规范。

通用图使用者应依据法律法规,在充分理解通用图的基础上,根据工程项目的建设条件、荷载条件、施工方案与装备条件等进行计算复核、论证,确保工程项目的质量、安全和耐久,并对通用图在工程项目中的应用负责。请各有关单位在执行过程中,将发现的问题和意见,函告本标准日常管理组,联系人:常志军(地址:北京市东城区前炒面胡同33号,邮编:100010,电话:010-82017738,邮箱:changzhijun@hpdi.com.cn),以便修订时参考。

主 编 单 位:中交公路规划设计院有限公司
装配化钢结构桥梁产业技术创新战略联盟

主　　　编:孟凡超
主要参编人员:彭运动　许春荣　常志军　王梓夫　俞　欣　张　凯
　　　　　　　　李贞新　金秀男　芮文建　胡云天　李　铭　张　凡

主　　　审:周海涛
参与审查人员:张建军　张冬青　邵长宇　许湘华　李宗平　郑凯锋
　　　　　　　　吴玉刚　樊健生　刘玉擎　马立芬　秦大航　于　光

参 加 人 员:郝海龙　林　昱　谭中法　颜智法　黄　飞　刘菁霖
　　　　　　　　黄震伟

《装配化工字组合梁钢桥通用图》图册目录

序　号	图册名称	编　号	车　道　数	跨径(m)	备　注
1		JTG/T 3911-01—2021	4	3×30	
2	双向四车道上部结构	JTG/T 3911-02—2021	4	3×40	
3		JTG/T 3911-03—2021	4	3×50	
4		JTG/T 3911-04—2021	4	3×60	
5		JTG/T 3911-05—2021	6	3×30	
6	双向六车道上部结构	JTG/T 3911-06—2021	6	3×40	
7		JTG/T 3911-07—2021	6	3×50	
8		JTG/T 3911-08—2021	6	3×60	

目　录

设 计 说 明

1 设计范围

本册图纸内容为 3×50m 双向四车道工字组合连续梁钢桥上部结构施工图设计，主要包括钢主梁构造，混凝土桥面板构造，护栏、支座、伸缩装置、排水等附属设施构造设计。本册图纸适用于高速公路、一级公路的主线桥,平曲线半径不小于 1000m。

2 设计规范

(1)《公路工程技术标准》(JTG B01—2014);

(2)《公路桥涵设计通用规范》(JTG D60—2015);

(3)《公路钢混组合桥梁设计与施工规范》(JTG/T D64-01—2015);

(4)《公路钢结构桥梁设计规范》(JTG D64—2015);

(5)《公路钢筋混凝土及预应力混凝土桥涵设计规范》(JTG 3362—2018);

(6)《公路交通安全设施设计细则》(JTG/T D81—2017);

(7)《公路桥梁钢结构防腐涂装技术条件》(JT/T 722—2008);

(8)《公路桥涵施工技术规范》(JTG/T 3650—2020);

(9)《钢结构工程施工质量验收标准》(GB 50205—2020);

(10)《自密实混凝土应用技术规程》(JGJ/T 283—2012)。

3 主要技术指标

(1)公路等级:高速公路、一级公路;

(2)设计速度:100km/h;

(3)汽车荷载等级:公路—Ⅰ级;

(4)桥梁宽度:2×12.75m;

(5)跨径布置:3×50m;

(6)设计基准期:100 年;

(7)设计使用年限:100 年;

(8)设计安全等级:一级;

(9)桥面横坡:2.0%。

4 主要材料

所有原材料应具有供应商提供的出厂检验合格证书,并应按照《公路桥涵施工技术规范》(JTG/T 3650—2020)规定的检验项目和批次严格实施进场检验。

4.1 混凝土

预制桥面板采用 C55 混凝土,桥面板湿接缝采用 C55 自密实微膨胀混凝土,混凝土护栏采用 C50 混凝土。本册图纸中混凝土均不得掺加粉煤灰。

1)普通混凝土

(1)水泥采用不低于 42.5 级硅酸盐水泥,所用砂、石料、水的技术要求应符合《公路桥涵施工技术规范》(JTG/T 3650—2020)的规定。

(2)粗集料采用连续级配,碎石宜采用锤击式破碎生产。

(3)细集料采用中粗砂,不得采用细砂。

(4)外加剂采用品质稳定且与胶凝材料具有良好相容性的产品。减水剂宜采用高效聚羧酸高性能减水剂,其性能指标应符合《混凝土外加剂》(GB 8076—2008)的规定,减水剂掺量以及与水泥的适用性应通过试验确定。

2)自密实混凝土

(1)自密实混凝土的技术要求应符合《自密实混凝土应用技术规程》(JGJ/T 283—2012)的规定。

(2)粗集料采用连续级配,其最大公称粒径不宜大于 16mm。

(3)细集料宜采用级配Ⅱ区的中砂。

(4) 自密实混凝土的流动距离不宜超过 5m。

(5) 自密实混凝土的性能应符合表 4-1 的规定。

表 4-1　自密实混凝土性能

自密实性能	性能指标	技术要求
填充性	坍落扩展度(mm)	700±50
	扩展时间 T_{500}(s)	<2
间隙通过性	坍落扩展度与J环扩展度差值(mm)	0～25
抗离析性	离析率(%)	≤15
	粗集料振动离析率(%)	≤10

3) 桥面铺装用混凝土

桥面铺装用混凝土采用沥青混凝土。

4.2　钢筋

普通钢筋采用 HRB500 钢筋,其技术要求应符合《钢筋混凝土用钢　第 2 部分:热轧带肋钢筋》(GB/T 1499.2—2018) 的规定。

4.3　钢材

钢梁各部构件均采用 Q420qD 钢材,其技术要求应符合《桥梁用结构钢》(GB/T 714—2015) 的规定;护栏遮板及泄水管采用 S31603 不锈钢,其技术要求应符合《不锈钢热轧钢板和钢带》(GB/T 4237—2015) 的规定。

4.4　焊接材料

焊接材料应采用与母材相匹配的焊条、焊剂、焊丝,其技术要求应符合各自相应规范的规定。CO_2 气体保护焊的气体纯度应不小于 99.5%。

4.5　高强度螺栓、螺母及垫圈

钢梁连接用高强度螺栓应符合《钢结构用高强度大六角头螺栓》(GB/T 1228—2006) 的规定,性能等级为 10.9S;螺母应符合《钢结构用高强度大六角螺母》(GB/T 1229—2006) 的规定;垫圈应符合《钢结构用高强度垫圈》(GB/T

1230—2006) 的规定。高强度螺栓、螺母及垫圈的技术要求应符合《钢结构用高强度大六角头螺栓、大六角螺母、垫圈技术条件》(GB/T 1231—2006) 的规定。

4.6　高强度螺纹钢棒

预制护栏连接用预应力高强度螺纹钢棒采用连续滚压粗螺纹,其屈服强度应不小于 930MPa,抗拉强度应不小于 1080MPa。

4.7　圆柱头焊钉

圆柱头焊钉材质为 ML15,其技术要求应符合《电弧螺柱焊用圆柱头焊钉》(GB/T 10433—2002) 的规定。

4.8　伸缩装置

伸缩装置采用多向变位梳形板伸缩装置,其技术要求应符合《公路桥梁伸缩装置》(JT/T 327—2016) 及《单元式多向变位梳形板桥梁伸缩装置》(JT/T 723—2008) 的规定。

(1) 大齿板、小齿板、基座采用 Q345qD 或 Q355NHD 钢材,其技术要求应符合《桥梁用结构钢》(GB/T 714—2015) 或《耐候结构钢》(GB/T 4171—2008) 的规定。

(2) 防水胶带厚度为 6mm,采用螺栓固定,且在达到最大伸缩量时不应出现裂纹或断裂。防水胶带橡胶密封层可选用天然橡胶或合成橡胶,其物理机械性能应符合表 4-2 的规定。

表 4-2　防水胶带物理机械性能

项　目	天然橡胶或合成橡胶
硬度(IRHD)	60±5
拉伸强度(MPa)	≥10
扯断伸长率(%)	≥300
脆性温度(℃)	≤-40
恒定压缩永久变形(室温×24h,%)	≤30
耐臭氧老化(25～50pphm)20%伸长(40℃×96h)	无龟裂

续表 4-2

项　目		天然橡胶或合成橡胶
热空气老化试验 （与未老化前数值 相比发生的最大变化）	试验条件（℃×h）	70×96
	拉伸强度（%）	±25
	扯断伸长率（%）	±30
	硬度变化（IRHD）	−5～+10
耐盐水性 （23℃×14d，浓度4%）	体积变化（%）	0～+10
	硬度变化（IRHD）	0～+10
耐油污性 （1号标准油，23℃×168h）	体积变化（%）	−5～+10
	硬度变化（IRHD）	−10～+5

（3）伸缩装置中使用的拉压支座、锁紧弹簧橡胶的物理机械性能应符合表 4-3 的规定。拉压支座轴向抗拉破坏荷载应不低于 30kN。

表 4-3　拉压支座、锁紧弹簧橡胶物理机械性能

项　目	拉压支座、锁紧弹簧橡胶
硬度（IRHD）	70±2
氯丁橡胶拉伸强度（MPa）	≥17.5
氯丁橡胶扯断伸长率（%）	≥450

4.9　支座

支座选用非抗震型双水平摩擦面球型钢支座，适用于不超过 6 度地震烈度或非抗震区域的装配化钢桥。

（1）支座主体用钢板采用 Q345qD 或 Q355NHD 钢材，其技术要求应符合《桥梁用结构钢》（GB/T 714—2015）或《耐候结构钢》（GB/T 4171—2008）的规定。支座不锈钢板采用 S31603 镜面抛光不锈钢板，其技术要求应符合《不锈钢冷轧钢板和钢带》（GB/T 3280—2015）的规定。

（2）支座平面滑板采用分子量不低于 500 万的超高分子量聚乙烯滑板，滑板厚度为 7.5～8mm。

（3）支座转动板采用高力黄铜，其抗压强度应大于 600MPa，延伸率应大于

10%。基体镶嵌固体润滑剂。

（4）支座用其他材料应符合《桥梁球型支座》（GB/T 17955—2009）的规定。

4.10　垫条及湿接缝密封条

钢梁上翼缘两侧与桥面板之间设置垫条。垫条材料采用聚丙乙烯，其吸水率应不大于 4%，抗压强度应不小于 0.5MPa，弹性模量为 3500～5000kPa，恒定永久压缩变形应不大于 20%。垫条应采取可靠措施固定在翼缘板和小纵梁边缘，确保在预制桥面板吊装和混凝土浇筑过程中不发生移动。

现浇湿接缝采用自成底模的形式，在自成底模的托板与另一块桥面板之间应预留 1.0cm 宽的缝隙，现场浇筑时填塞密封条。密封条材料采用氯丁橡胶。

4.11　桥面防水材料

桥面防水材料采用"环氧树脂下封层 + 撒布碎石 + 溶剂型黏结剂"防水黏结层。

4.12　环氧树脂下封层

桥面防水层施工前，应在混凝土桥面板顶面涂抹一层环氧树脂下封层，环氧树脂技术指标应符合表 4-4 的规定。

表 4-4　下封层环氧树脂技术指标

技术指标	单位	要求	试验方法
黏度（25℃）	mPa·s	≤180	标准黏度计法
与水泥混凝土的黏结强度（25℃）	MPa	≥3.0	JC/T 975—2005
拉伸强度（25℃）	MPa	≥3.0	GB/T 528—2009
断裂延伸率（25℃）	%	≥15	GB/T 528—2009
易挥发性成分	%	≤3	GB/T 16777—2008
邵氏硬度	HD	≥55	GB/T 531.1—2008
溶剂型黏结剂与环氧树脂下封层的黏结强度（25℃）	MPa	≥1.0	JC/T 975—2005
可容留施工时间	min	≥20	目测

技 术 指 标		单位	要　　求	试 验 方 法
干燥性(25℃)	表干时间	h	≤4	GB/T 16777—2008
	实干时间	h	≤24	GB/T 16777—2008
热负荷试验	外观特征	—	无斑点、无气泡、无裂缝粉化现象	目测
	质量损失	%	≤4	GB/T 16777—2008
	拉伸强度(25℃)	MPa	≥3.0	GB/T 528—2009
	断裂延伸率(25℃)	%	≥10	GB/T 528—2009
组合结构黏结强度(25℃)		MPa	≥1.0	JC/T 975—2005

4.13　环氧树脂黏结剂

预制护栏间、预制护栏与桥面板间匹配面上应涂抹 0.5mm 厚的环氧树脂黏结剂(浅灰色),其技术要求应满足:

(1)触变性(抗流挂性能):厚度最薄为 3mm 时无流挂;

(2)抗压强度:12h 抗压强度 ≥40MPa,1d 抗压强度 ≥70MPa,7d 抗压强度≥80MPa;

(3)抗剪强度(倾斜柱面测试):≥15MPa;

(4)拉伸强度:≥12MPa;

(5)压缩弹性模量:≥8000MPa;

(6)湿热老化测试:应符合《混凝土结构加固设计规范》(GB 50367—2013)中A 级胶的相关规定。

5　设计要点

5.1　桥型布置

本册图纸为 3×50m 双向四车道工字组合连续梁钢桥,斜交角度为 0°,平曲线为直线,上部结构全宽 26.0m。钢主梁采用工厂分节段预制,节段间采用高强度螺栓工地现场连接;桥面板为预制钢筋混凝土结构,后浇混凝土湿接缝。

5.2　计算参数

1)结构重力

(1)钢筋混凝土:重度为 28kN/m³,弹性模量根据混凝土强度等级参考《公路钢筋混凝土及预应力混凝土桥涵设计规范》(JTG 3362—2018)取值。

(2)沥青混凝土:重度为 24kN/m³。

2)年平均相对湿度

年平均相对湿度取 75%。

3)设计荷载

设计荷载取公路—Ⅰ级。

4)疲劳荷载

主梁采用计算模型Ⅰ和计算模型Ⅱ,桥面系构件采用疲劳模型Ⅲ。

5)温度作用

(1)线膨胀系数:钢结构为 1.2×10^{-5}/℃,混凝土结构为 1.0×10^{-5}/℃。

(2)系统温度:整体升温 39℃,整体降温 -32℃。

(3)竖向温度梯度见表 5-1。

表 5-1　竖向温度梯度(℃)

正　温　差		反　温　差	
T_1	T_2	T_1	T_2
14	5.5	-7	-2.75

6)风荷载

(1)与汽车荷载组合时,桥面处风速取 25m/s。

(2)只与恒载组合时,风荷载不控制设计,但应根据实际工程的具体情况对支座进行抗拉验算。

7)支座不均匀沉降

支座不均匀沉降取 10mm。

8)支座摩阻系数

支座摩阻系数取 0.03。

9）抗震烈度

设计基本地震动峰值加速度值为0.05g，抗震设防烈度为6度。

5.3 钢主梁构造

主梁采用"工字形钢梁＋混凝土桥面板"的组合结构，单幅桥采用多片梁结构，梁高2.8m，高跨比约为1/17.9。混凝土桥面板宽12.75m，悬臂长1.275m，厚0.25m。桥面板和钢主梁之间设置5cm厚的垫条。钢主梁主要由上翼缘板、腹板、腹板加劲肋、底板及横肋组成。单片钢主梁高2.5m，钢主梁中心间距5.1m，上翼缘宽0.6m，下翼缘宽0.7m。在墩顶及跨间位置，各片钢梁间设置横向联结系。

各节段主梁构造尺寸见表5-2。

表5-2　主梁构造尺寸(mm)

节段编号	节段长度	上翼缘宽度	上翼缘厚度	腹板高度	腹板厚度	下翼缘宽度	下翼缘厚度
1	6170		30	2434			36
2	9990		30	2434/2422			36/48
3	9990		30	2422			48
4	9990		30	2422/2434			48/36
5	9990		30/40	2434/2424			36
6	9990		40/50/40/30	2424/2405/2395/2434			36/55/36
7	4990		30	2434			36
8	9990		30	2434			36
9	7490	600	30	2434	24	700	36
10	9990		30	2434			36
11	4990		30	2434			36
12	9990		30/40/50/40	2434/2395/2405/2424			36/55/36
13	9990		40/30	2424/2434			36
14	9990		30	2434/2422			36/48
15	9990		30	2422			48
16	9990		30	2422/2234			48/36
17	6170		30	2434			36

本册图纸桥梁设置2%的双向横坡，横坡通过支座垫石高度及垫条高度调整得到，各片主梁梁高一致。

1）节段划分

主梁节段划分应综合考虑钢梁的受力、加工单位的制作能力、施工单位的吊装能力以及运输通行能力等多方面因素，主梁节段长度不宜超过12m，最大节段重量约11.5t。

本册图纸各片主梁沿全桥长度方向共设置17个节段，节段长度沿路线前进方向依次为6.17m＋5×9.99m＋4.99m＋9.99m＋7.49m＋9.99m＋4.99m＋5×9.99m＋6.17m，节段间预留10mm宽的缝隙。

各片小纵梁沿全桥长度方向节段划分长度及位置与主梁一致。

2）钢主梁

（1）主梁竖向加劲肋

主梁竖向加劲肋分别设置在有横向联结系位置、相邻两道横向联结系中间、支座顶面以及支座两侧用于更换支座处。其中，桥台位置处的加劲肋厚16mm，桥墩位置处的加劲肋厚25mm，并与主梁上、下翼缘焊接；其他位置加劲肋厚18mm，且底端不得与主梁下翼缘焊接。

（2）主梁纵向加劲肋

主梁纵向加劲肋设置在墩顶负弯矩区梁段靠近下翼缘板的位置，加劲肋厚28mm。

（3）横向联结系

横向联结系以全桥中心线为对称中心，向主梁两侧每5m设置一道。在墩、台顶支撑处以及跨中处采用实腹式构造，在跨间其他位置采用K形桁架式构造。相邻两片主梁中间设置一道小纵梁，小纵梁固定在横向联结系顶端。

实腹式横向联结系采用工字形断面横梁，横梁与主梁间采用高强度螺栓连接。桥台或过渡墩支座顶端横梁高1700mm，上、下翼缘尺寸分别为1060mm×28mm和300mm×20mm，腹板厚16mm，上翼缘板上设置圆柱头焊钉，用以连接梁端桥面板现浇段；中间墩支座顶端横梁高1500mm，上、下翼缘尺寸均为450mm×25mm，腹板厚 16mm；跨中横梁高 1300mm，上、下翼缘尺寸均为 450mm×25mm，腹板厚 16mm。

K 形桁架式横向联结系由上、下横梁以及斜撑组成，其中上横梁采用 HW250×250×9×14 型热轧 H 型钢，下横梁采用 HW200×200×8×12 型热轧 H 型钢，斜撑采用 F150×150×6 型方钢管。K 形桁架在工厂焊接拼装成型，通过节点板与主梁采用高强度螺栓连接。

（4）小纵梁

小纵梁采用 HW300×300×10×15 型热轧 H 型钢(也可采用钢板全熔透焊接成型)。小纵梁采用螺栓固定于横向联结系顶面，沿顺桥向各节段采用高强度螺栓连接。

（5）圆柱头焊钉

在钢主梁上翼缘板、小纵梁上翼缘板及端支点横隔板上翼缘板均布有圆柱头焊钉，其直径为 22mm，高度为 200mm。圆柱头焊钉在钢主梁上翼缘板和小纵梁上翼缘板采用集束式布置，纵向间距为 125mm，横向间距为 125mm；在端支点横隔板上翼缘板采用均布式布置，纵向间距为 150mm，横向间距为 250mm。

（6）主梁纵坡

主梁未考虑纵坡，实际工程中主梁纵坡由墩台高程差形成，为保证支座水平受压，应在主梁下翼缘支座位置设置调平钢板。

3）工厂及现场连接

钢主梁节段经工厂制造完成后，将单片钢主梁节段、钢横梁、小纵梁散件运输至施工现场。

钢主梁节段经现场精确对位后，进行现场栓接。横梁与钢主梁、纵梁与横梁之间均采用高强度螺栓连接。

4）耐久性

若项目处于远离海洋或无大气污染环境中，也可使用无涂装耐候钢材；或为了外观颜色与当地环境协调，仅喷涂面漆。为保证结构的耐久性，应注意伸缩装置位置及桥面板的防水处理。与耐候钢材质主梁相匹配的其他构件，如伸缩装置、支座、高强度螺栓、圆柱头焊钉及拼接板等金属构件，均应使用耐候钢材，焊接材料应与母材相匹配。

若上部结构采用普通钢材，则所有外露部分的涂装防腐应严格遵守《公路桥梁钢结构防腐涂装技术条件》(JT/T 722—2008)的规定，防腐涂装体系的寿命不少于 25 年。推荐防腐涂装方案见表 5-3。

表 5-3　防腐涂装方案

部　　位	涂装体系及用料	技术要求(最低干膜厚度)	场地
钢主梁表面(除高强度螺栓摩擦面、钢梁翼缘板上表面外)及泄水管	表面净化处理	无油、干燥	工厂
	二次表面喷砂除锈(μm)	Sa2.5 级，$Rz=40\sim70$	工厂
	环氧富锌底漆(μm)	1×80	工厂
	环氧云铁中间漆(μm)	2×75	工厂
	氟碳面漆(μm)	40	工厂
	自清洁氟碳面漆(μm)	40	工厂
螺栓	热浸锌(g/m²)	600	工厂
高强度螺栓	高强度螺栓的涂装与其连接处构造外表面相同，在施工完成后统一涂装		
高强度螺栓接面及钢梁翼缘板上表面	表面净化处理	无油、干燥	工厂
	二次表面喷砂除锈(μm)	Sa3 级，$Rz=60\sim100$	工厂
	无机富锌防滑涂料(μm)	100	工厂
	环氧云铁封闭漆(μm)	50	工厂
护栏钢遮板外露部分	环氧富锌底漆(μm)	40	工地
	环氧云铁中间漆(μm)	75	工地
	自清洁氟碳面漆(μm)	40	工地
圆柱头焊钉	车间底漆(μm)	20	工厂

注：1. 钢材表面预处理和车间底漆涂装由加工单位完成，钢板进场经辊平后按 Sa2.5 级进行表面预处理，涂装醇溶性无机硅酸锌车间底漆一道，厚度为 20μm。
2. 所有钢结构涂装颜色为浅灰色，桥面铺装为深灰色。

5.4　桥面板构造

混凝土桥面板分为预制部分和现浇部分。预制部分采用 C55 混凝土，现浇部分采用 C55 自密实微膨胀混凝土。预制桥面板在圆柱头焊钉所在位置设置预留槽。

1）桥面板分块

预制桥面板沿横桥向分为两块，横桥向长度均为6.1m，相邻两块板之间设0.48m宽的湿接缝；顺桥向标准板每块长2.49m，相邻两块板之间设0.30m宽的湿接缝；与桥台相邻的桥面板顺桥向长2.69m，伸缩装置槽口位于桥台或过渡墩处时，桥面板现浇段长0.98m。单块预制板最大吊装重量约10.8t。

2）桥面板尺寸

本册图纸中，预制桥面板横桥向尺寸为考虑了2%横坡后的尺寸，尺寸标注为水平投影尺寸。

预制桥面板与主梁及小纵梁连接处设置剪力槽口，每块预制桥面板沿顺桥向设置两组共4个剪力槽口，与主梁连接的槽口尺寸为0.62m（顺桥向）×0.44m（横桥向），与小纵梁连接的槽口尺寸为0.62m（顺桥向）×0.18m（横桥向）。

混凝土护栏底座剪力键与桥面板一起预制。

3）钢筋布置

为避免在安装预制桥面板时钢筋相互干扰，相邻桥面板钢筋在预制绑扎时应相互错开。预制桥面板横向受力钢筋直径为20mm；负弯矩区纵向受力钢筋直径为25mm，其他区域纵向受力钢筋直径为16mm；湿接缝中顺桥向通长钢筋直径为16mm。剪力钉槽口附近已设置有剪力槽加强钢筋，槽口内钢筋不得打断。

4）圆柱头焊钉

预制桥面板与钢梁之间通过布置于钢梁上翼缘板及小纵梁上的圆柱头焊钉进行连接，采用集束式钉群布置。主梁对应单个槽口内圆柱头焊钉个数为5（顺桥向）×4（横桥向）；小纵梁对应单个槽口内圆柱头焊钉个数为5（顺桥向）×2（横桥向）。

5）桥面板与主梁上翼缘钢板贴合

在主梁上翼缘板两侧边缘，顺桥向通长固定两道50mm宽的可压缩垫条，然后吊装和安放预制桥面板。在桥面板自重作用下，垫条被压紧，并通过自身压缩适应桥面板横坡。

5.5　曲线桥

本册图纸主梁构造可用于半径不小于1000m的平曲线上，设计要点如下：

（1）主梁及小纵梁均按曲线设计，图纸中的顺桥向直线长度对应于曲线桥路线设计线的弧长，曲线上各片主梁的半径及长度按相应路线设计线平行取值。

（2）若主梁位于缓和曲线上，则固定ZH点和HY点，然后拟合一条无限接近缓和曲线的圆曲线，利用该圆曲线半径设计主梁。

（3）横向联结系沿径向布置。

（4）桥面板宽度调整为2.45m。调整方法为将原桥面板湿接缝底模部分缩短4cm，其余构造尺寸及钢筋布置均不变，示意如图5-1a）所示。

（5）桥面板平面布置示意如图5-1b）所示。

a）宽度调整　　　　　b）平面布置

图5-1　桥面板宽度调整及平面布置示意图（尺寸单位：mm）

（6）顺桥向相邻两块桥面板间的缝隙呈梯形，密封条形状应与之相适应。

（7）若曲线有超高，则在墩台盖梁处按照实际横坡值设置盖梁横坡；若桥跨中间有超高渐变，则采用垫条进行渐变段高度的调整。

（8）本册图纸不适用于有加宽的曲线桥，若曲线有加宽或加宽渐变，应根据实际情况单独设计。

5.6 桥面系及附属设施构造

1）沥青混凝土铺装

本册图纸采用100mm厚沥青混凝土桥面铺装，共分为两层，自上至下依次为：

上面层：40mm厚改性沥青SMA-13；

黏层：改性乳化沥青，用量为 0.3~0.5kg/m²；

下面层：60mm厚沥青混凝土AC-20C（SBS）。

当采用其他桥面铺装结构时，应保证其不超过本册图纸100mm厚沥青混凝土桥面铺装的自重。

2）桥面防水材料

桥面防水材料采用"环氧树脂下封层+撒布碎石+溶剂型黏结剂"防水黏结层。环氧树脂下封层厚度宜取 0.6~0.8mm，也可根据试验情况调整；环氧树脂下封层顶面撒布碎石，碎石粒径采用 0.6~2.36mm，其中粒径1.18mm 的通过率不小于70%，用量为 0.3~0.8kg/m²；碎石上铺一层溶剂型黏结剂，用量为 200~400g/m²。

3）预制护栏

护栏采用预制装配式混凝土护栏，外侧采用 SS 级，内侧采用 SA 级。预制护栏与预制桥面板之间采用 ϕ40mm 的高强度螺纹钢棒连接，钢棒标准间距为 62.5cm，设计张拉力为 500kN。为提高护栏抗冲击能力，预制护栏之间、预制护栏和预制桥面板间设置混凝土剪力键，匹配面涂抹环氧树脂。

桥梁外侧预制护栏设置防护网，具体根据桥梁所处的位置综合考虑选用，且保持足够的安全长度范围。其设置位置原则如下：

（1）有可能发生严重事故的地方；

（2）桥梁上跨被交道；

（3）地方道路上纵坡比较大的路段。

4）泄水管

每幅桥外侧设置泄水管，泄水管采用 ϕ168mm×8mm 不锈钢钢管，纵向布置间距为5m；管与管之间采用预制式树脂混凝土排水沟连接。

5）伸缩装置

本册图纸采用梳齿板式伸缩装置，桥台处伸缩量为160mm，过渡墩处伸缩量为240mm，长度为12.75m。

（1）伸缩装置类型

伸缩装置采用多向变位梳齿板式伸缩装置，其结构如图5-2所示。

图5-2 多向变位梳齿板式伸缩装置结构图

1-基座；2-拉压支座；3-锁紧弹簧；4-大齿板；5-防水胶带；6-导水管；7-连接螺栓；8-端头堵板；9-不锈钢板；10-小齿板；11-锚固螺栓

（2）伸缩装置防腐涂装

①大、小齿板防水型钢均采用热浸锌（不小于120μm）+专用底漆（不小于60μm）+聚氨酯面漆（不小于80μm）方式处理。

②安装基座外露表面采用金属喷涂+重防腐体系，安装基座与混凝土接触表面及基座上锚筋、锚钉等附属构造物采用喷丸除锈+环氧富锌底漆（60μm）+聚氨酯面漆（40μm）方式处理。

③伸缩装置所用螺栓、螺母采用多元合金共渗方式处理。

6）支座

本册图纸支座选用非抗震型双水平摩擦面球型钢支座，其技术参数如下：

（1）竖向承载力：可永久超载10%额定承载力。

（2）限位方向水平承载力：竖向承载力的10%。

（3）设计竖向转角：≥0.02rad；顶板水平向转角：360°。

（4）主位移面摩擦系数：<0.03；转动面摩擦系数：<0.08。

6 施工要点

6.1 钢梁制造

1）总体要求

（1）加工单位应根据钢梁的接头形式，依据相关规范进行焊接工艺评定试验，并编制详细的焊接工艺评定报告。通过试验确定合适的焊接坡口尺寸、焊接参数和焊接工艺，制订控制焊接变形和降低焊接残余应力的有效措施，确保焊接质量和结构安全。在保证焊接质量的前提下，应尽可能选用焊接变形小和焊缝收缩小的焊接工艺。

（2）所有要求在工厂制造的部件均应统筹考虑，编入施工组织设计文件中，制订详细的工艺规程。

（3）为确保钢梁的安装精度，加工单位应在工厂对所有的钢梁节段进行整体试拼装；加工单位应对试拼装的误差实行有效管理，避免误差累积。

（4）本册图纸中焊缝均采用自动焊，焊接时应尽量平焊，避免仰焊。

（5）本册图纸中，钢结构各构件在加工过程中不得采用火工矫正变形，应采用机械矫正或预变形矫正变形。

2）板件下料

（1）为保证钢结构加工质量，厚度大于6mm的钢板（填板除外）均不得采用热轧卷材（开平板），必须采用热轧钢板（压平板）。

（2）钢板的轧制方向应与构件的受力方向相同。

（3）材料进厂后，应按照规范要求的抽检比例及时进行材料的复验，未复验的材料不得下料。钢板厚度出厂检验误差：板厚≤30mm时，+0.0～+0.5mm；板厚>30mm时，+0.0～+1.0mm。

（4）钢板经过预处理后方可下料，以确保下料钢板的平整度和降低钢板的轧制残余应力，为加工和焊接变形的控制提供良好条件。

（5）钢梁制造及验收和工地现场用计量器具必须经计量单位检定合格后方可使用，并应按有关规定进行操作；工地用尺在使用前，必须与工厂用尺相互校对。

（6）本册图纸中给出的各构件长度为对应成桥线形的名义长度，其制造长度的确定还应考虑工厂制造时焊缝的收缩余量和加工余量等。

（7）所有高强度螺栓连接孔的粗糙度为$^{12.5}/$，孔距公差为±0.4mm。

（8）板件应按设置预拱度后的线形进行精确放样，制作台座，预弯钢梁各钢板组件。

3）板件组拼、焊接

（1）设计图纸中，除特殊标明的焊缝外，其余焊缝均采用双面坡口熔透焊缝"∠长"，且必须按熔透焊接进行检验。

（2）焊缝端部应围焊。

（3）对于25mm以上厚度的板件，施焊前应进行预热，其预热温度应通过焊接性能试验和焊接工艺评定确定，预热范围一般为焊缝每侧100mm以上，距焊缝30～50mm范围内测温。为防止T形接头出现层状撕裂，在焊前预热时必须特别注意厚板一侧的预热效果。

（4）钢主梁翼缘板的纵横向对接焊缝均为一级熔透焊缝。

（5）各构件焊接完毕，应按照相应规范规定的探伤数量、探伤比例和检验标准分别进行超声波探伤和射线探伤，宜将焊缝的一次探伤合格率控制在95%以上，以减少焊缝的返修量和返修次数，从而保证焊缝质量和结构的可靠性。

4）加工精度

主梁在20℃时的加工精度要求如下：

（1）节段加工精度：长度，±3mm；横断面，±2mm。

（2）总体加工精度：单跨长度，±3mm；半幅桥横断面，±3mm。

5）其他

（1）对于施工过程中的工艺孔洞，必须在设计指定的位置切割，施工结束后按原状恢复，其焊缝按一级熔透焊缝进行检查，并将其表面磨平。

（2）板件对接时，引弧板施焊的边缘焊缝均应打磨平整。

（3）组拼过程中应采取措施，克服温差带来的影响。

（4）钢梁各构件之间应采用摩擦型高强度螺栓连接，出厂时摩擦面的抗滑移系数应不小于0.55，工地安装时摩擦面的抗滑移系数应不小于0.45。

6.2 钢构件存放与运输

（1）为确保构件运输无误，加工单位应按本册图纸划分的构件类型标识构件编号，标识应明显、耐久。

（2）为保证钢梁节段间高强度螺栓连接的顺利进行，加工单位在钢梁构件存放和运输过程中，应采取切实可行的措施防止构件变形。

（3）在构件存放和运输过程中，应注意对钢结构涂装面的保护，如有损伤应及时修补。加工单位应制订涂装面修补工艺，并报设计单位和监理工程师批准。

6.3 桥面板预制和运输

1）桥面板预制

（1）桥面板侧模应严格按照设计图准确开孔，确保钢筋的位置精确。

（2）钢筋直径偏差：直径＜20mm时，+0.0～+0.4mm；直径≥20mm时，+0.0～+0.6mm。

（3）钢筋接长时应避开应力较大处，并按施工技术规范要求将接头错开布置。

（4）混凝土浇筑前，应设置足够多的混凝土垫块，垫块的抗腐蚀能力和强度不得低于桥面板混凝土。

（5）桥面板预留预埋件应仔细核对，不得漏埋、错埋。

（6）混凝土的浇筑、养护应严格按照相关规范执行。

（7）桥面板平整度应小于±3mm，采用2m靠尺检验；板厚公差为0～3mm；桥面板对角相对高差应小于3mm。

（8）桥面板可采用缓凝剂，在混凝土强度形成之前应采用高压水枪冲刷处理。

2）桥面板存放与运输

（1）预制桥面板存放的时间不得少于180d。

（2）预制桥面板的存放临时支点应设置在主梁上翼缘板对应位置，临时支点的具体设置及预制板的存放方案应报设计单位，并会同监理工程师共同商定。

（3）桥面板存放期间，应对外露的钢筋采取保护措施，确保钢筋不出现腐蚀、损伤。

（4）桥面板运输过程中应保证桥面板水平放置，并设置防护措施，避免桥面板发生磕碰。

3）湿接缝混凝土施工

（1）浇筑湿接缝混凝土前，应清除残渣灰尘，并用水湿润混凝土界面后，再浇筑混凝土。

（2）应先浇筑剪力预留槽口内混凝土，再浇筑接缝混凝土，每道混凝土接缝应一次性完成浇筑。

（3）浇筑湿接缝混凝土时，应确保接缝混凝土浇筑密实，新老混凝土接触面附近应特别注意。

6.4 上部结构架设安装

1）总体要求

（1）施工单位应对设计文件进行认真研究，对图纸提供的坐标、高程以及结构的相关几何尺寸进行详细复核，发现疑问应及时按有关程序向设计单位反馈。

（2）上部结构安装单位应编制详细的施工组织设计，报监理工程师批准后实施，施工中严格按有关规范执行，确保施工质量和施工安全。

（3）钢主梁按设计预拱度要求安装完成后（无支架状态），应按设计给出的点位要求测量钢梁上翼缘板顶面高程，进而根据桥面设计高程计算出相应点位桥面板垫条的厚度并切割下料，之后再安装垫条和预制桥面板，垫条应确保桥面板现场浇筑时的密闭性。

（4）预制桥面板吊装前应仔细核对桥面板的位置及方向，清除桥面板外露的钢筋、水泥浆等杂物，并对锈蚀钢筋进行除锈处理。

（5）吊装预制桥面板时，必须采取有效措施分散吊点处的集中应力，吊具不得挤压损坏桥面板混凝土，确保桥面板受力安全；吊装就位后，应采用环氧砂浆对吊点预留孔进行封堵。

（6）预制桥面板吊装就位过程应准确、轻缓，不得损坏圆柱头焊钉及预留预埋件，更不得因对位不准确而切割钢筋或圆柱头焊钉。

（7）桥面板湿接缝混凝土达到设计强度后，方可进行泄水管、防撞护栏、桥面防水层、沥青铺装等桥面系设施的安装施工。

（8）本册图纸未尽事宜，应参照《公路桥涵施工技术规范》（JTG/T 3650—2020）和《钢结构工程施工质量验收标准》（GB 50205—2020）执行。

2) 钢主梁架设

上部结构的架设安装主要考虑三种方案:对于桥跨数较多的主线桥梁,推荐采用架桥机施工方案;对于跨河、跨谷以及桥墩较高的主线桥梁,可采用在一岸进行主梁组拼,然后顶推就位的施工方案,若跨径较大,可根据需要设置临时墩支撑;其余地形条件可采用支架法施工方案。

(1)架桥机架设方案

①在一侧桥台拼装主梁及横向联结系,并采用架桥机完成第1跨主梁架设。

②架桥机过孔,注意临时支撑点位置需提前进行钢主梁受力验算;架设第2跨钢主梁,并在临时支架上完成与第1跨主梁的拼接。

③重复上一步,完成钢主梁的架设。

(2)顶推架设方案

①在一侧桥台拼装主梁及横向联结系,主梁前端应设置导梁。

②采用边拼装边推出的方法将主梁从一岸向另一岸推出,直至推至另一侧桥台。推出过程中,如果主梁出现过度下挠,应提前采取一定措施将主梁拉起,确保导梁底面始终高于墩台座。

(3)支架架设方案

①拼接第1跨主梁,如现场起吊能力较强,可考虑半幅桥整孔吊装架设;若现场起吊能力有限,可分片架设,并及时安装横向联结系。为防止第一片钢梁架设完成后出现侧翻,应对钢梁进行横向临时支撑。

②在1号墩顶节段的接头处设置临时支架,将拼接好的第2跨主梁吊装就位,并在临时支架上完成与第1跨主梁的拼接。

③在2号墩顶节段的接头处设置临时支架,将拼接好的第3跨主梁吊装就位,并在临时支架上完成与第2跨主梁的拼接,至此完成钢主梁的架设。

3) 桥面板安装

(1)钢梁架设完成后,应从一侧或两侧同时吊装铺设桥面板。

(2)完成各跨正弯矩区桥面板预留剪力槽口及湿接缝混凝土的浇筑。

(3)待正弯矩区桥面板湿接缝混凝土达到设计强度和满足弹性模量要求后,完成中墩负弯矩区桥面板预留剪力槽口及湿接缝混凝土的浇筑。

6.5 桥面系施工

在进行桥面铺装之前,应先对桥梁现阶段板顶高程进行一次全面测量。

1) 护栏预制

(1)护栏节段在预制场地采用短线法预制。护栏竖曲线和平曲线采用以直代曲拟合形成,通过护栏上下缘长度不同形成竖曲线,通过护栏内外侧长度不同形成平曲线。预制时宜保持一个端面为正交面,一个端面为斜交面,如图6-1所示。预制时,应精确计算护栏节段间的相对转角,保证护栏间的匹配。

图6-1 预制护栏平面布置示意图

本册图纸中,预制护栏的长度适用于直线桥。对于曲线桥,应根据曲线半径精确计算护栏节段长度,原则上保证每类预制护栏连接钢棒的间距不变,通过调整节段内边钢棒距端面的距离来适应节段长度的变化。预制时,应注意护栏内孔道与桥面板内孔道的精确匹配定位。

(2)护栏预制时,应确保护栏底座的混凝土剪力键与桥面板横坡匹配,避免出现护栏底座按平面预制后无法安装的情况。

(3)预制护栏施工精度应符合表6-1的规定。

表6-1 预制护栏施工精度要求

项次	项 目	规定值或允许偏差
1	护栏及桥面板内的孔径中心位置(mm)	±2
2	护栏及桥面板内的孔径大小(mm)	±2
3	护栏及桥面板内的孔道粗糙度 Ra(μm)	<25
4	护栏间剪力键、护栏与桥面板间剪力键的平整度(mm)	±1

（4）预制护栏节段时，接缝间必须满涂隔离剂，以利于节段脱离。

（5）护栏节段预制应注意预埋钢棒固定端螺母、钢棒预埋管、灌浆孔和临时吊点预埋件，钢棒预埋管应垂直于桥面板顶面和护栏底面。

（6）预制节段应注意模板表面处理。混凝土浇筑完毕，应采取可靠措施及时予以保温养护。预制节段保温养护应不少于15d，冬季施工时可采取蒸汽养护等措施，确保混凝土浇筑质量。

（7）护栏混凝土颜色应全桥保持一致，表面光洁平整；应采用同一厂家、同一品种的水泥。

2）护栏安装

（1）预制护栏由N墩向N+1墩顺序安装。

①护栏底面与桥面板顶面间、护栏节段间断面涂抹环氧树脂，吊装预制护栏就位。

②待环氧树脂固化后，从梁下端往上穿插高强度螺纹钢棒，并旋进固定端预埋螺母内。

③一次性缓慢张拉高强度螺纹钢棒至设计张拉力的1.5倍，完成张拉后，应在螺纹处涂抹密封胶，然后安装钢棒聚乙烯（PE）保护套。

④对于伸缩装置处护栏，采用自密实微膨胀混凝土填充护栏与桥面板之间的剪力键及灌浆孔道，并安装钢遮板。

（2）接缝处理。

①匹配面涂环氧树脂作为黏结剂，环氧树脂黏结剂的配合比、配制方法、物理力学性能以及固化时间等，应由施工单位根据不同的温度等作业条件做相关试验后确定。

②预制节段之间的施工接缝应严格按《公路桥涵施工技术规范》（JTG/T 3650—2020）的要求进行处理。所有的接缝面必须洁净，除去油污等杂质，表面应平整、无疏松，表层附着的水泥浆应清除干净，涂胶前表面应干燥或烘干。

③应根据不同温度，制备几组不同配合比的环氧树脂黏结剂。

④施工时，节段交接面上的环氧树脂应涂抹均匀，厚度控制在2～3mm，梁段

挤压后胶体厚度宜控制在0.5～1.0mm，以保证有多余环氧树脂从接缝中被挤出，不出现缺胶现象。

⑤挤出的多余环氧树脂应及时刮除，刮除过程中尽量减少对混凝土的污染，并清理螺栓孔道，排除可能进入螺栓孔道的胶体，确保孔道畅通。

⑥环氧树脂颜色应与护栏颜色保持一致，避免影响全桥景观效果。

（3）自密实微膨胀混凝土技术要求同桥面板湿接缝混凝土。

3）支座

（1）顺桥向支座端部应设置限位装置。

（2）支座滑移和转动面应设置防尘和密封装置。防尘和密封装置应拆装快捷、方便，一次性使用寿命不少于10年。

（3）支座涂装体系颜色应与主梁相同。

（4）支座制造应严格按照规范要求进行，支座安装由支座制造厂家实施。

（5）架设钢梁前，应将支座牢固安装于钢梁上，并在支座垫石上开设预留孔和灌浆槽，预留孔的平面位置、孔径、孔深及开槽尺寸应符合支座安装图的规定。支座正确就位于垫石后，采用环氧树脂砂浆进行灌注，灌浆应饱满，不得有空洞、气泡。

（6）支座安装完毕，应及时清理墩台遗留的建筑垃圾。

4）伸缩装置

（1）所有固定螺栓、螺母应采用楔形垫圈防松动。

（2）伸缩装置安装完成后，大、小齿板螺栓沉孔内应浇筑环氧树脂密封。

（3）大齿板与大齿板、大齿板与基座之间应采用O形橡胶密封带进行密封，并具备相应的密封结构。

（4）大齿板顶面应采用防滑槽构造，且防滑槽宽度应不小于20mm，间距应不大于130mm。

（5）伸缩装置制造应严格按照规范要求进行，伸缩装置安装由制造厂家实施。

（6）伸缩装置安装完毕，应及时清理墩台遗留的建筑垃圾。

（7）伸缩装置安装定位完成后，应精确测量其顶面高程、纵坡及横坡，确保其与桥面铺装顶面高程完全齐平。伸缩装置不得发生工后变形与沉降。

5）桥面排水

（1）若桥面现有基层的平整度不一致，存在高差，进行排水沟铺装时应做相应的基底处理。

（2）桥面铺装施工结束后，应取出隔离用的槽钢或木板，清理排水沟安装预留槽，预留槽底部涂抹 5～10mm 厚的柔性砂浆，静待 5～10min，待柔性砂浆一定程度凝固后，在紧贴沥青层侧面处放置成品排水沟。

（3）排水沟安装时，可直接在现场放置拼接，排水沟盖板上表面应低于沥青铺装 5mm。

（4）排水沟与护栏间的空隙应采用弹性混凝土或柔性砂浆回填，并进行压实处理。

（5）如采用集中排水方案，应进行专项设计。

主要工程材料数量表（双幅一联）

材料	项目	单位	钢主梁	小纵梁	横梁	桥面板	支座	混凝土护栏	桥面铺装	伸缩装置	排水	合计
				上部结构				附属设施				
混凝土	C55	m³				789.6						789.6
	C55自密实微膨胀					185.0						185.0
	C55钢纤维									15.5		15.5
	C50	m³							228.0			228.0
沥青混凝土	改性沥青SMA-13	m³							141.0			141.0
	沥青混凝土AC-20C(SBS)	m³							211.5			211.5
防水层		m²							3825.0			3825.0
普通钢筋 HRB500	Φ22	kg				33760						33760
	Φ20					164914						157162
	Φ16					157235						168668
	Φ12					6276						35110
	Φ10					1062		72243				1459
	小计					329487						403911
钢板 Q355C	t=12mm	kg	38									38
	t=16mm			3815	45							4227
	t=22mm		141									141
	t=28mm		357		357							357
45号钢	t=26mm	kg			5764							5764
钢板 Q420qD	t=8mm	kg	51		45							96
	t=10mm			3815	4960							8775
	t=12mm		432	708	2898							7705
	t=14mm		23213									23213
	t=16mm		5967		51629							57596
	t=18mm		33919		16929							50848
	t=20mm				1732							1732
	t=24mm		411585									411585
	t=25mm		31997		17992							49990
	t=28mm		14065		8567							22632
	t=30mm		111200									111200
	t=36mm		130974									130974
	t=40mm		29323									29323
	t=48mm		56941									56941
	t=55mm		21760									21760
型钢 Q420qD	HW300×300×10×15			54459								54459
	小计	kg	871427	54459	104752							1038828
型钢 Q345qD	FI50×150×6			58982	9068							9068
	HW200×200×8×12				21525							21525
	HW250×250×9×14				30978							30978
	小计	kg	61571		61571							61571
高强螺栓	M24×70	套	13552	576	464							1040
	M24×80		4720	1728	5792							7520
	M24×85		64									64
	M24×100				2560							2560
	M24×110		6200									6200
	M24×130		6624									6624
	M24×140		864									864
	M24×170		2304									2304
	M27×100		12096									12096
高强预应力螺纹钢棒	Φ40×1000	套			288			944				944
	Φ40×1078	套						16				16
圆柱头焊钉	Φ22×200	个	4720			1479						18560
支座	GQZ2.5SX	个					8					8
	GQZ5.0SX						4					4
	GQQ23.0ZX						4					4
	GQQ26.0ZX						2					2
	GQQ25.0HX						4					4
	GQQ26.0GD						2					2
伸缩装置	SCF-DX160型	m								23.5/2		23.5/2
	SCF-DX240型	m								23.5/2		23.5/2
密封条	Φ10mm	m						1479				1479
堵头条	50mm×50mm	套				3009		3009				3009
吊环	M42	套				96						96
螺栓	M42	套				944						944
吊环	M24	套						50				50
螺栓	M24	套						488				488
锚栓	M10×40	kg						510		510		510
S31603 不锈钢	钢板 t=3mm							80				80
	钢板 t=10mm							171				171
	钢管 Φ160×8mm										262	262
	钢管 Φ60×1.5mm										1455	1455
											1466	1466

注：
1. 本表未计焊缝重量。
2. 一套高强螺栓包含一个螺母、一个螺栓和两个垫圈。

3×50m 双向四车道工字组合梁	汽车荷载等级：公路—I级
	桥梁宽度：2×12.75m
主要工程材料数量表	图号：SG-01

主梁标准横断面

1/2主梁标准横断面

1/2主梁中墩支座处横断面

26000

12750 500 12750

750 3000+2×3750 750 250 500 500 250 750 2×3750+3000 750

上面层:40mm厚改性沥青SMA-13
黏层:改性乳化沥青
下面层:60mm厚沥青混凝土AC-20C(SBS)
防水黏结层

设计高程 2.0% 设计高程 2.0%

250

2800

桥梁中心线

1275 2×5100 1525 1525 2×5100 1275

注
1. 本图中尺寸均以毫米为单位。

3×50m 双向四车道工字组合梁	汽车荷载等级: 公路—I级
	桥梁宽度: 2×12.75m
主梁标准横断面	图号: SG-02

立面

平面

主梁杆件数量汇总表(双幅一联)

主梁杆件	主梁									小纵梁			
杆件编号	GL1	GL2a	GL2b	GL2c	GL2d	GL2e	GL3	GL4	GL5	ZL1	ZL2	ZL3	ZL4
杆件数量	12	12	12	12	12	12	12	6	12	8	48	8	4

主梁杆件	横梁						挑梁	拼接缝				
杆件编号	HL1	HL2a	HL2b	HL2c	HL3a	HL3b	HL4	TL	GPJ1a	GPJ1b	GPJ2	GPJ3	ZPJ
杆件数量	8	64	16	16	8	4	8	8	48	12	24	12	72

图例:
GL - 主梁
HL - 横梁
ZL - 小纵梁
TL - 挑梁
GPJ - 主梁拼接
ZPJ - 小纵梁拼接

注
1. 本图尺寸均以毫米为单位。
2. 本图未示出加劲肋、拼接板等构造。

3×50m 双向四车道工字组合梁	汽车荷载等级: 公路—I级
	桥梁宽度: 2×12.75m
主梁节段划分	图号: SG-03

立面

C　D

支座中心线　临时支承线

E　6170

500　750

425　150　1100　4×125　500　4×125　1000　4×125　500　3×125　620

圆柱头焊钉
φ22×200

A　30　30　A

272

N1

16　150 4×90 150 4×90 150 4×90 150 4×90

18

2500　2434

N4a　N4a

N4　N2　HL2a

HL1

164

N3

B　36　272　36　B

N5　2×200　N6

300　550　1835　1840　1015　50

C　D　E　2×90

A-A

6170

300　2×200　550　1835　1840　1245

N4a　N4a　N4a　N4　N1　HL2a

57

600　24 288

288　2×85

HL1

146　2×85

5×85　50

B-B

6170

300　2×200　550　3675　1245

N4a　N4a　N2　N3　HL2a

700　24 338

338

N5　HL1　N6

150　700　150　500

7×85　50

C-C

600

112.5　3×125　112.5

N1　30

N2　N4a

2500　2034

200

N3　250

N5　200 200

80　540　80

700

D-D

600

112.5　3×125　112.5

N1　30

N2　N4a

2500　2034

150　200

N3　250　200 200

N6

100　500　100

700

E-E

600

112.5　3×125　112.5

N1　30

N2　N4

2500　2270

200

N3

36 164

700

注

1. 本图尺寸均以毫米为单位。

2. 本图为中梁节段构造，边梁构造取消外侧N4加劲板。

3. N4板在中梁节段宽度为200mm，边梁节段宽度为260mm。

4. 本图主梁节段与横梁相连采用M24高强螺栓（φ27孔）。
除N2板与其他节段相连采用M27高强螺栓（φ30孔），
其余板与其他节段相连采用M24高强螺栓（φ27孔）。

5. 本图所有加劲板倒角均为30mm×30mm。

6. N3、N5板设有支座螺栓孔，其开孔位置见支座布置构造图。

7. 支座中心线位置处，边主梁内侧为HL1连接板，外侧为N4a板，
本图未示出。

8. 本图适用于GL1节段。

3×50m 双向四车道工字组合梁	汽车荷载等级：公路－I级
	桥梁宽度：2×12.75m
主梁一般构造	图号：SG-04

立面

C-C

D-D

大样A

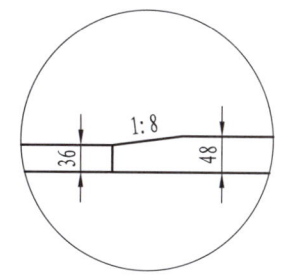

1:8

注
1. 本图尺寸均以毫米为单位。
2. 本图为中梁节段构造，边梁构造取消外侧N4加劲板。
3. N4板在中梁节段宽度为200mm，边梁节段宽度为260mm。
4. 本图主梁节段与横梁相连采用M24高强螺栓（φ27孔）。
   除N2板与其他节段相连采用M27高强螺栓（φ30孔），
   其余板与其他节段相连采用M24高强螺栓（φ27孔）。
5. 本图所有加劲板倒角均为30mm×30mm。
6. 本图适用于GL2a节段。

3×50m 双向四车道工字组合梁	汽车荷载等级：公路—Ⅰ级
	桥梁宽度：2×12.75m
主梁一般构造	图号：SG-04

立面

A-A

B-B

C-C

注
1. 本图尺寸均以毫米为单位。
2. 本图为中梁节段构造，边梁构造取消外侧N4加劲板。
3. N4板在中梁节段宽度为200mm，边梁节段宽度为260mm。
4. 本图主梁节段与横梁相连采用M24高强螺栓(φ27孔)。
   除N2板与其他节段相连采用M27高强螺栓(φ30孔)，
   其余板与其他节段相连采用M24高强螺栓(φ27孔)。
5. 本图所有加劲板倒角均为30mm×30mm。
6. 本图适用于GL2b节段。

3×50m 双向四车道工字组合梁	汽车荷载等级: 公路—I级
	桥梁宽度: 2×12.75m
主梁一般构造	图号: SG-04

立面

A-A

B-B

C-C   D-D

大样A

注
1. 本图尺寸均以毫米为单位。
2. 本图为中梁节段构造，边梁构造取消外侧N4加劲板。
3. N4板在中梁节段宽度为200mm，边梁节段宽度为260mm。
4. 本图主梁节段与横梁相连采用M24高强螺栓(φ27孔)。
   除N2板与其他节段相连采用M27高强螺栓(φ30孔)，
   其余板与其他节段相连采用M24高强螺栓(φ27孔)。
5. 本图所有加劲板倒角均为30mm×30mm。
6. 本图适用于GL2c节段。

3×50m 双向四车道工字组合梁	汽车荷载等级: 公路—I级
	桥梁宽度: 2×12.75m
主梁一般构造	图号: SG-04

立面

D-D

E-E

F-F

大样A

1:8

A-A

B-B

C-C

注
1. 本图尺寸均以毫米为单位。
2. 本图为中梁节段构造,边梁构造取消外侧N4、N5a、N5b加劲板。
3. N4板在中梁节段宽度为200mm,边梁节段宽度为260mm。
4. 本图主梁节段与横梁相连采用M24高强螺栓(φ27孔)。
   除N2板与其他节段相连采用M27高强螺栓(φ30孔),
   其余板与其他节段相连采用M24高强螺栓(φ27孔)。
5. 本图所有加劲板倒角均为30mm×30mm。
6. N5a、N5b板端部倒角为100mm×100mm。
7. 本图适用于GL2d节段。

圆柱头焊钉 φ22×200

3×50m 双向四车道工字组合梁

主梁一般构造

汽车荷载等级: 公路—I级

桥梁宽度: 2×12.75m

图号: SG-04

立面

9990

620 | 3×125 | 500 | 4×125 | 1000 | 4×125 | 500 | 4×125 | 1000 | 4×125 | 500 | 4×125 | 1000 | 4×125 | 500 | 3×125 | 620

圆柱头焊钉
φ22×200

30

30

272
150｜150｜150
4×90｜4×90｜4×90
272

18

N1

2500
2434

N4

HL2a

N2

N4

HL2a

164

N3

36

36

50 | 1015 | 2500 | 2500 | 2500 | 1015 | 50
2×90 | | | | | | 2×90

C

A-A

9990

1245 | 2500 | 2500 | 2500 | 1245

N4 | HL2a | N4 | HL2a

600
288 24 288

N2

N1

57
146
57
2×85 | 2×85

50 | 5×85 | 5×85 | 50

B-B

9990

700
338 24 338

N2 | HL2a | N3 | HL2a

107
146
107
2×85 | 2×85

50 | 7×85 | 5×85 | 50

C-C

600
112.5 | 3×125 | 112.5

30

N1

2500

N2 | N4

2270

200

N3

164

36

700

注
1. 本图尺寸均以毫米为单位。
2. 本图为中梁节段构造，边梁构造取消外侧N4加劲板。
3. N4板在中梁节段宽度为200mm，边梁节段宽度为260mm。
4. 本图主梁节段与横梁相连采用M24高强螺栓(φ27孔)。
   除N2板与其他节段相连采用M27高强螺栓(φ30孔)，
   其余板与其他节段相连采用M24高强螺栓(φ27孔)。
5. 本图所有加劲板倒角均为30mm×30mm。
6. 本图适用于GL2e节段。

3×50m 双向四车道工字组合梁	汽车荷载等级: 公路—Ⅰ级
	桥梁宽度: 2×12.75m
主梁一般构造	图号: SG-04

立面

A-A

B-B

C-C

大样A   大样B   大样C

D-D   E-E

F-F   G-G

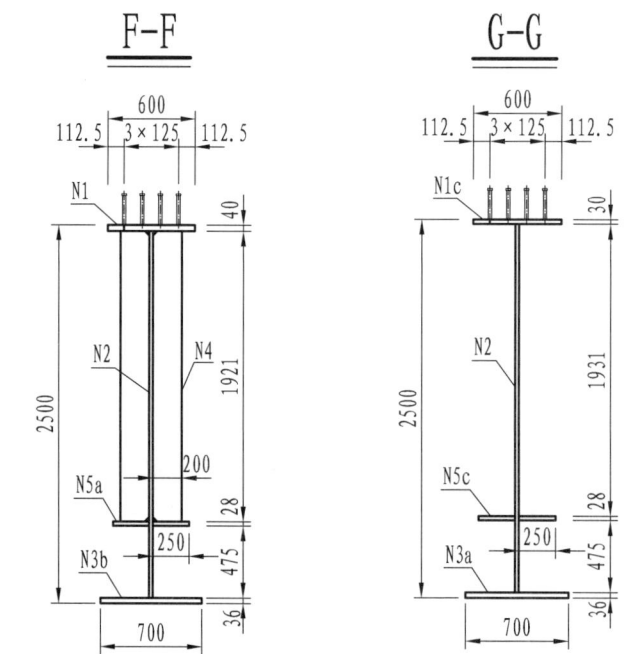

注
1. 本图尺寸均以毫米为单位。
2. 本图为中梁节段构造,边梁构造取消外侧N4、N5a、N5b、N5c加劲板。
3. N4板在中梁节段宽度为200mm,边梁节段宽度为260mm。
4. 本图主梁节段与横梁相连采用M24高强螺栓(φ27孔)。
   除N2板与其他节段相连采用M27高强螺栓(φ30孔),
   其余板与其他节段相连采用M24高强螺栓(φ27孔)。
5. 本图所有加劲板倒角均为30mm×30mm。
6. N5a、N5b、N5c板端部倒角为100mm×100mm。
7. N3、N6板设有支座螺栓孔,其开孔位置见支座布置构造图。
8. 支座中心线位置处,边主梁内侧为HL4连接板,外侧为N4a板,本图未示出。
9. 本图适用于GL3节段。

3×50m 双向四车道工字组合梁	汽车荷载等级: 公路-I级
	桥梁宽度: 2×12.75m
主梁一般构造	图号: SG-04

立面

A-A

B-B

C-C

D-D

E-E

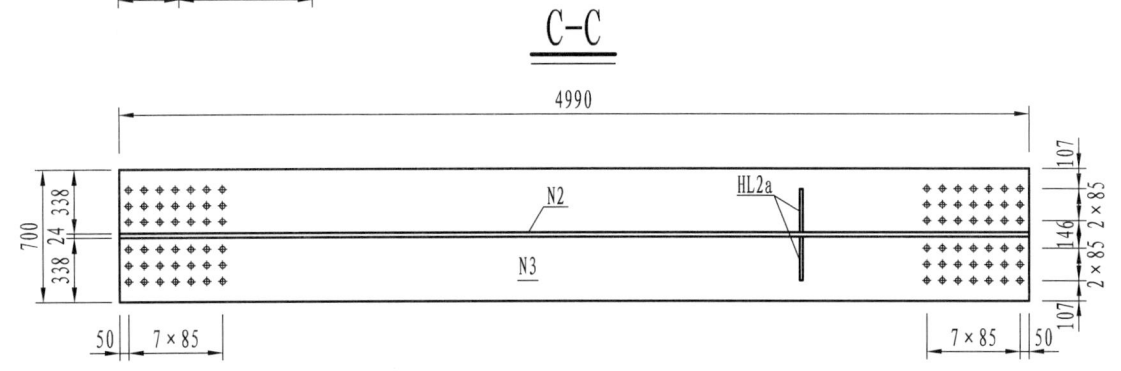

注
1. 本图尺寸均以毫米为单位。
2. 本图为中梁节段构造，边梁构造取消外侧N4、N4a、N5加劲板。
3. N4、N4a板在中梁节段宽度为200mm,边梁节段宽度为260mm。
4. 本图主梁节段与横梁相连采用M24高强螺栓(φ27孔)。
   除N2板与其他节段相连采用M27高强螺栓(φ30孔),
   其余板与其他节段相连采用M24高强螺栓(φ27孔)。
5. 本图所有加劲板倒角均为30mm×30mm。
6. N5板端部倒角为100mm×100mm。
7. 本图适用于GL5节段。

3×50m 双向四车道工字组合梁	汽车荷载等级: 公路—I级
	桥梁宽度: 2×12.75m
主梁一般构造	图号: SG-04

立面

C-C

7490

620　3×125　500　4×125　1000　4×125　500　4×125　1000　4×125　500　3×125　620

圆柱头焊钉
φ22×200

600

112.5　3×125　112.5

N1

N1

30

30

272

4×90

150

150

4×90

A

A

N2

N4

2500

2434

N4

HL3b

N2

N4

N4

2500

2270

18

200

B

N3

272

B

164

36

36

700

N3

164

50　1015　2500　2500　1015　50

C

2×90

C

2×90

A-A

7490

1245　2500　2500　1245

57

N4

HL3b

N4

600

288

N2

N1

N2

146

288

24

2×85

2×85

57

50　5×85

50　5×85

50

B-B

7490

107

N2

HL3b

N3

700

338

146

338

24

2×85

2×85

107

50　5×85

5×85　50

注

1. 本图尺寸均以毫米为单位。
2. 本图为中梁节段构造，边梁构造取消外侧N4加劲板。
3. N4板在中梁节段宽度为200mm，边梁节段宽度为260mm。
4. 本图主梁节段与横梁相连采用M24高强螺栓（φ27孔）。
　　除N2板与其他节段相连采用M27高强螺栓（φ30孔），
　　其余板与其他节段相连采用M24高强螺栓（φ27孔）。
5. 本图所有加劲板倒角均为30mm×30mm。
6. 本图适用于GL4节段。

3×50m 双向四车道工字组合梁	汽车荷载等级：公路-Ⅰ级
	桥梁宽度：2×12.75m
主梁一般构造	图号：SG-04

GL1杆件材料数量表

杆件类型	钢板编号	材质	规格(mm)	单位重(kg/块)	钢板块数	重量(kg)
GL1-边梁	N1	Q420qD	□600×30×6170	871.8	1	871.8
	N2		□2434×24×6170	2829.3	1	2829.3
	N3		□700×36×6170	1220.5	1	1220.5
	N4		□260×18×2270	83.4	1	83.4
	N4a		t=16	63.0	7	441.2
	N5		□540×40×700	118.7	1	118.7
	N6		□500×40×500	78.5	1	78.5
	圆柱头焊钉		φ22×200	660kg/1000个	84	55.4
一个节段小计						5698.9 kg
GL1-中梁	N1	Q420qD	□600×30×6170	871.8	1	871.8
	N2		□2434×24×6170	2829.3	1	2829.3
	N3		□700×36×6170	1220.5	1	1220.5
	N4		□200×18×2270	64.2	2	128.3
	N4a		t=16	63.0	6	378.2
	N5		□540×40×700	118.7	1	118.7
	N6		□500×40×500	78.5	1	78.5
	圆柱头焊钉		φ22×200	660kg/1000个	84	55.4
一个节段小计						5680.8 kg

GL2a杆件材料数量表

杆件类型	钢板编号	材质	规格(mm)	单位重(kg/块)	钢板块数	重量(kg)
GL2a-边梁	N1	Q420qD	□600×30×9990	1411.6	1	1411.6
	N2		□2434×24×9990	4581.1	1	4581.1
	N3		□700×36×5240	1036.6	1	1036.6
	N3a		□700×48×4750	1252.9	1	1252.9
	N4		□260×18×2270	83.4	2	166.8
	圆柱头焊钉		φ22×200	660kg/1000个	152	100.3
一个节段小计						8549.2 kg
GL2a-中梁	N1	Q420qD	□600×30×9990	1411.6	1	1411.6
	N2		□2434×24×9990	4581.1	1	4581.1
	N3		□700×36×5240	1036.6	1	1036.6
	N3a		□700×48×4750	1252.9	1	1252.9
	N4		□200×18×2270	64.2	4	256.6
	圆柱头焊钉		φ22×200	660kg/1000个	152	100.3
一个节段小计						8639.0 kg

GL2b杆件材料数量表

杆件类型	钢板编号	材质	规格(mm)	单位重(kg/块)	钢板块数	重量(kg)
GL2b-边梁	N1	Q420qD	□600×30×9990	1411.6	1	1411.6
	N2		□2422×24×9990	4558.5	1	4558.5
	N3		□700×48×9990	2635.0	1	2635.0
	N4		□260×18×2270	83.4	2	166.8
	圆柱头焊钉		φ22×200	660kg/1000个	152	100.3
一个节段小计						8872.1 kg
GL2b-中梁	N1	Q420qD	□600×30×9990	1411.6	1	1411.6
	N2		□2422×24×9990	4558.5	1	4558.5
	N3		□700×48×9990	2635.0	1	2635.0
	N4		□200×18×2270	64.2	4	256.6
	圆柱头焊钉		φ22×200	660kg/1000个	152	100.3
一个节段小计						8962.0 kg

GL2c杆件材料数量表

杆件类型	钢板编号	材质	规格(mm)	单位重(kg/块)	钢板块数	重量(kg)
GL2c-边梁	N1	Q420qD	□600×30×9990	1411.6	1	1411.6
	N2		□2434×24×9990	4581.1	1	4581.1
	N3		□700×36×6740	1333.3	1	1333.3
	N3a		□700×48×3250	857.2	1	857.2
	N4		□260×18×2270	83.4	2	166.8
	圆柱头焊钉		φ22×200	660kg/1000个	152	100.3
一个节段小计						8450.3 kg
GL2c-中梁	N1	Q420qD	□600×30×9990	1411.6	1	1411.6
	N2		□2434×24×9990	4581.1	1	4581.1
	N3		□700×36×6740	1333.3	1	1333.3
	N3a		□700×48×3250	857.2	1	857.2
	N4		□200×18×2270	64.2	4	256.6
	圆柱头焊钉		φ22×200	660kg/1000个	152	100.3
一个节段小计						8540.1 kg

GL2d杆件材料数量表

杆件类型	钢板编号	材质	规格(mm)	单位重(kg/块)	钢板块数	重量(kg)
GL2d-边梁	N1	Q420qD	□600×30×8540	1206.7	1	1206.7
	N1a		□600×40×1450	273.7	1	273.7
	N2		□2434×24×9990	4581.1	1	4581.1
	N3		□700×36×9990	1976.2	1	1976.2
	N4		□260×18×2270	83.4	2	166.8
	N5a		□250×28×1787	96.0	1	96.0
	N5b		□250×28×707	36.7	1	36.7
	圆柱头焊钉		φ22×200	660kg/1000个	152	100.3
一个节段小计						8436.9 kg
GL2d-中梁	N1	Q420qD	□600×30×8540	1206.7	1	1206.7
	N1a		□600×40×1450	273.7	1	273.7
	N2		□2434×24×9990	4581.1	1	4581.1
	N3		□700×36×9990	1976.2	1	1976.2
	N4		□200×18×2270	64.2	4	256.6
	N5a		□250×28×1787	96.0	2	192.0
	N5b		□250×28×707	36.7	2	73.3
	圆柱头焊钉		φ22×200	660kg/1000个	152	100.3
一个节段小计						8659.4 kg

GL2e杆件材料数量表

杆件类型	钢板编号	材质	规格(mm)	单位重(kg/块)	钢板块数	重量(kg)
GL2e-边梁	N1	Q420qD	□600×30×9990	1411.6	1	1411.6
	N2		□2434×24×9990	4581.1	1	4581.1
	N3		□700×36×9990	1976.2	1	1976.2
	N4		□260×18×2270	83.4	2	166.8
	圆柱头焊钉		φ22×200	660kg/1000个	152	100.3
一个节段小计						8236.0 kg
GL2e-中梁	N1	Q420qD	□600×30×9990	1411.6	1	1411.6
	N2		□2434×24×9990	4581.1	1	4581.1
	N3		□700×36×9990	1976.2	1	1976.2
	N4		□200×18×2270	64.2	4	256.6
	圆柱头焊钉		φ22×200	660kg/1000个	152	100.3
一个节段小计						8325.8 kg

3×50m 双向四车道工字组合梁	汽车荷载等级：公路-I级
	桥梁宽度：2×12.75m
主梁一般构造	图号：SG-04

GL3杆件材料数量表

杆件类型	钢板编号	材质	规格（mm）	单位重(kg/块)	钢板块数	重量(kg)
GL3-边梁	N1	Q420qD	□600×40×8950	1686.2	1	1686.2
	N1a		□600×30×1040	147.0	1	147.0
	N2		□2434×24×9990	4581.1	1	4581.1
	N3		□700×55×6000	1813.4	1	1813.4
	N3a		□700×36×3245	641.9	1	641.9
	N3b		□700×36×745	147.4	1	147.4
	N4		□260×18×1921	70.6	4	282.3
	N4a		□170×25×1911	63.8	9	573.8
	N4b		t=25	20.8	9	187.2
	N5a		□250×28×3407	186.1	2	372.2
	N5b		□250×28×4784	261.8	2	523.6
	N5c		□250×28×707	36.7	1	36.7
	N6		□660×40×900	186.5	1	186.5
	N7		□400×40×400	50.2	2	100.5
	圆柱头焊钉		φ22×200	660kg/1000个	152	100.3
一个节段小计						11379.9 kg
GL3-中梁	N1	Q420qD	□600×40×8950	1686.2	1	1686.2
	N1a		□600×30×1040	147.0	1	147.0
	N2		□2434×24×9990	4581.1	1	4581.1
	N3		□700×55×6000	1813.4	1	1813.4
	N3a		□700×36×3245	641.9	1	641.9
	N3b		□700×36×745	147.4	1	147.4
	N4		□200×18×1921	54.3	8	434.3
	N4a		□170×25×1911	63.8	8	510.0
	N4b		t=25	20.8	8	166.4
	N5a		□250×28×3407	186.1	2	372.2
	N5b		□250×28×4784	261.8	2	523.6
	N5c		□250×28×707	36.7	2	73.3
	N6		□660×40×900	186.5	1	186.5
	N7		□400×40×400	50.2	2	100.5
	圆柱头焊钉		φ22×200	660kg/1000个	152	100.3
一个节段小计						11484.0 kg

GL4杆件材料数量表

杆件类型	钢板编号	材质	规格（mm）	单位重(kg/块)	钢板块数	重量(kg)
GL4-边梁	N1	Q420qD	□600×30×7490	1058.3	1	1058.3
	N2		□2434×24×7490	3434.7	1	3434.7
	N3		□700×36×7490	1481.7	1	1481.7
	N4		□260×18×2270	83.4	2	166.8
	圆柱头焊钉		φ22×200	660kg/1000个	112	73.9
一个节段小计						6215.4 kg
GL4-中梁	N1	Q420qD	□600×30×7490	1058.3	1	1058.3
	N2		□2434×24×7490	3434.7	1	3434.7
	N3		□700×36×7490	1481.7	1	1481.7
	N4		□200×18×2270	64.2	4	256.6
	圆柱头焊钉		φ22×200	660kg/1000个	112	73.9
一个节段小计						6305.2 kg

GL5杆件材料数量表

杆件类型	钢板编号	材质	规格（mm）	单位重(kg/块)	钢板块数	重量(kg)
GL5-边梁	N1	Q420qD	□600×30×4990	705.1	1	705.1
	N2		□2434×24×4990	2288.2	1	2288.2
	N3		□700×36×4990	987.1	1	987.1
	N4		□260×18×2270	83.4	1	83.4
	N4a		□260×18×1931	70.9	1	70.9
	N5		□250×28×730	37.9	1	37.9
	圆柱头焊钉		φ22×200	660kg/1000个	72	47.5
一个节段小计						4220.2 kg
GL5-中梁	N1	Q420qD	□600×30×4990	705.1	1	705.1
	N2		□2434×24×4990	2288.2	1	2288.2
	N3		□700×36×4990	987.1	1	987.1
	N4		□200×18×2270	64.2	2	128.3
	N4a		□200×18×1931	54.6	2	109.1
	N5		□250×28×730	37.9	2	75.8
	圆柱头焊钉		φ22×200	660kg/1000个	72	47.5
一个节段小计						4341.2 kg

主梁材料数量汇总表(双幅一联)

杆件类型	材质	规格（mm）	合计(kg)
主梁	Q420qD	t=16	5042.1
		t=18	20344.4
		t=24	411585.1
		t=25	8794.1
		t=28	14065.0
		t=30	109272.9
		t=36	120721.6
		t=40	29322.6
		t=48	56940.5
		t=55	21760.2
圆柱头焊钉		φ22×200	8902.1(13488个)
合计			806750.5

3×50m 双向四车道工字组合梁

汽车荷载等级：公路—I级

桥梁宽度：2×12.75m

主梁一般构造

图号：SG-04

立面

B-B

大样A

N7大样

N5大样

C-C

A-A

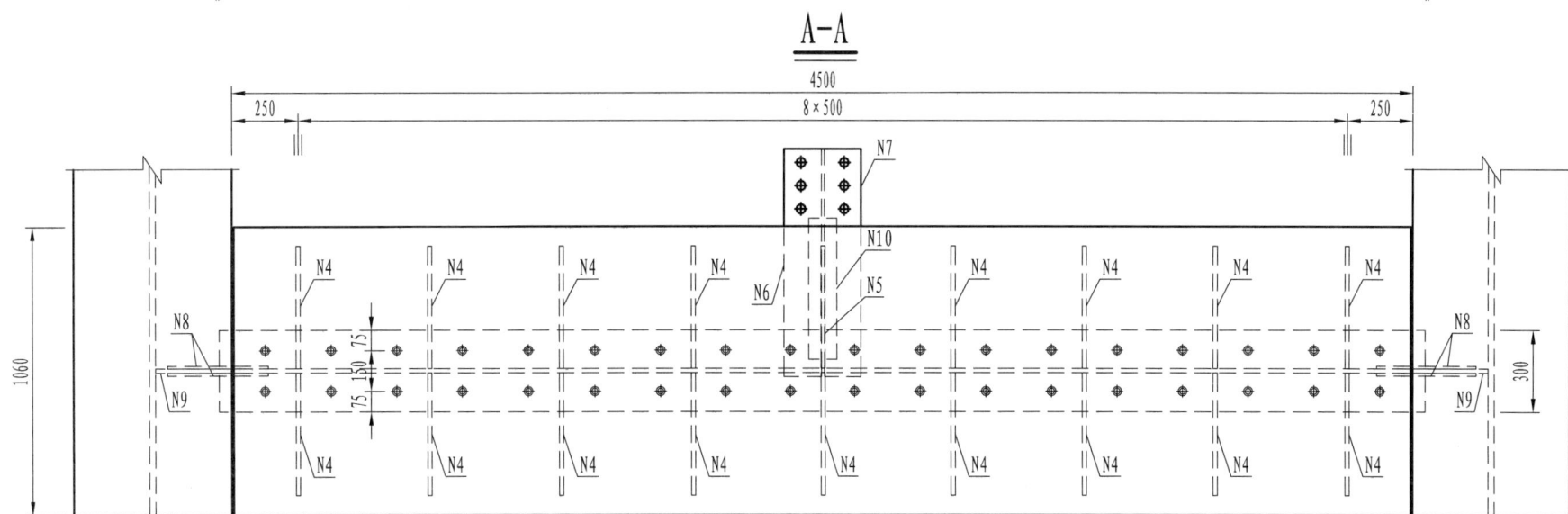

注
1. 本图尺寸均以毫米为单位。
2. 本图所有拼接螺栓孔直径均为Φ27mm。
3. 本图所有加劲板倒角均为30mm×30mm。
4. 本图中圆柱头焊钉与N1垂直焊接。
5. 本图适用于HL1横梁。

N6大样

N8大样

N9大样

3×50m 双向四车道工字组合梁	汽车荷载等级: 公路—I级
	桥梁宽度: 2×12.75m
横梁一般构造	图号: SG-05

立面
5100

C-C D-D

A-A
4496

B-B
4496

N6大样
1340

N4大样   N5大样

N7大样
500

N8大样

注
1. 本图尺寸均以毫米为单位。
2. 本图所有拼接螺栓孔直径均为 φ27mm。
3. 本图所有加劲板倒角均为 30mm×30mm。
4. 本图适用于 HL2a、HL2b、HL2c 横梁。

3×50m 双向四车道工字组合梁	汽车荷载等级：公路—I 级
	桥梁宽度：2×12.75m
横梁一般构造	图号：SG-05

立面

C-C

B-B

5100
4116
470 12
12 470
10
10

A

B

C

A

N6
N8
ZL
N8
N6

N8
N8

N1

N8
N1
N8

125 25
125 25
25 125
25 125

N4
N2
N5

N7
N9
N9
N9
N7

GL
GL

N7

1300
10×100

N6
N8
N3
N8
N6

12

150

N9

N3

1250

ZL
125 200 125

N2

1300

N9
N9

N3
N8
N8

351
25

25

B

C

A-A

N4大样

N5大样

85 50

50 85

30 440 10 858
1200
1200
858 10 440 30

R120

R120

199
175

301
175

N7
N8
N9
N9
N8
N7

N9
N9

N8
N7
N6

450

N6
N1

N6

10×100

175

10×100

125 200 125

N4

N5

HL3a:2422
HL3c:2434

HL3a:2422
HL3c:2434

GL

GL

50 3×85

65 170 65
300

3×85 50

R150

175

R150

270 200
470

200 270
470

N7大样

N9大样

N6大样

50 85 110 85 50

130

30 135 3×85 50

50

720

N8大样

297

72 85 60
217

80

11×100

1100

50 85 50

185 60 185

1100

470

50 3×85 110 3×85 50

50 85 50

380

注
1. 本图尺寸均以毫米为单位。
2. 本图所有拼接螺栓孔直径均为φ27mm。
3. 本图所有加劲板倒角均为30mm×30mm。
4. 本图适用于HL3a、HL3b横梁。

3×50m 双向四车道工字组合梁

横梁一般构造

汽车荷载等级：公路—Ⅰ级

桥梁宽度：2×12.75m

图号：SG-05

立面

B-B

C-C

A-A

N4大样

N5大样

N6大样

N7大样

N8大样

N9大样

注
1. 本图尺寸均以毫米为单位。
2. 本图所有拼接螺栓孔直径均为φ27mm。
3. 本图所有加劲板倒角均为30mm×30mm。
4. 本图适用于HL4横梁。

3×50m 双向四车道工字组合梁	汽车荷载等级：公路—I级
	桥梁宽度：2×12.75m
横梁一般构造	图号：SG-05

HL1杆件材料数量表

杆件类型	钢板编号	材质	规格(mm)	单位重(kg/块)	个数	重量(kg)
HL1	N1	Q420qD	□1060×28×4596	1070.8	1	1070.8
	N2		□300×20×4596	216.5	1	216.5
	N3		□1652×16×4596	953.6	1	953.6
	N4		t=16	21.3	17	362.1
	N5		t=12	46.4	1	46.4
	N6		□144×16×837	15.1	2	30.3
	N7		□285×16×300	10.7	1	10.7
	N8		□380×10×1530	45.6	4	182.6
	N9		□230×16×2434	70.3	2	140.6
	N10		□112×8×800	5.6	1	5.6
	圆柱头焊钉		Φ22×200	660kg/1000个	36	23.8
	高强螺栓		M24×80	428.6kg/1000个	112	48.0
	螺母		M24	202.7kg/1000个	112	22.7
	垫圈		M24	55.8kg/1000个	224	12.5
	一个节段小计					3126.2 kg

HL2a杆件材料数量表

杆件类型	钢板编号	材质	规格(mm)	单位重(kg/块)	个数	重量(kg)
HL2a	N1	Q345qD	HW250×250×9×14×4496	322.7	1	322.7
	N2		HW200×200×8×12×4496	224.2	1	224.2
	N3		F150×150×6×1789	47.2	2	94.5
	N4	Q420qD	□270×16×2434	82.5	1	82.5
	N5		□270×16×2434	82.5	1	82.5
	N6		t=18	53.4	1	53.4
	N7		□270×18×500	19.1	2	38.2
	N8		t=18	42.4	2	84.8
	N9		□76×10×170	1.0	8	8.1
	N10		□100×12×226	2.1	2	4.3
	N11		t=12	2.0	2	4.0
	高强螺栓		M24×80	428.6kg/1000个	32	13.7
			M24×70	394.2kg/1000个	4	1.6
	螺母		M24	202.7kg/1000个	36	7.3
	垫圈		M24	55.8kg/1000个	72	4.0
	一个节段小计					1025.8 kg

HL2b杆件材料数量表

杆件类型	钢板编号	材质	规格(mm)	单位重(kg/块)	个数	重量(kg)
HL2b	N1	Q345qD	HW250×250×9×14×4496	322.7	1	322.7
	N2		HW200×200×8×12×4496	224.2	1	224.2
	N3		F150×150×6×1789	47.2	2	94.5
	N4	Q420qD	□270×16×2422	82.1	1	82.1
	N5		□270×16×2422	82.1	1	82.1
	N6		t=18	53.4	1	53.4
	N7		□270×18×500	19.1	2	38.2
	N8		t=18	42.4	2	84.8
	N9		□76×10×170	1.0	8	8.1
	N10		□100×12×226	2.1	2	4.3
	N11		t=12	2.0	2	4.0
	高强螺栓		M24×80	428.6kg/1000个	32	13.7
			M24×70	394.2kg/1000个	4	1.6
	螺母		M24	202.7kg/1000个	36	7.3
	垫圈		M24	55.8kg/1000个	72	4.0
	一个节段小计					1025.0 kg

HL2c杆件材料数量表

杆件类型	钢板编号	材质	规格(mm)	单位重(kg/块)	个数	重量(kg)
HL2c	N1	Q345qD	HW250×250×9×14×4496	322.7	1	322.7
	N2		HW200×200×8×12×4496	224.2	1	224.2
	N3		F150×150×6×1789	47.2	2	94.5
	N4	Q420qD	□270×16×2424	82.2	1	82.2
	N5		□270×16×2424	82.2	1	82.2
	N6		t=18	53.4	1	53.4
	N7		□270×18×500	19.1	2	38.2
	N8		t=18	42.4	2	84.8
	N9		□76×10×170	1.0	8	8.1
	N10		□100×12×226	2.1	2	4.3
	N11		t=12	2.0	2	4.0
	高强螺栓		M24×80	428.6kg/1000个	32	13.7
			M24×70	394.2kg/1000个	4	1.6
	螺母		M24	202.7kg/1000个	36	7.3
	垫圈		M24	55.8kg/1000个	72	4.0
	一个节段小计					1025.1kg

HL3a杆件材料数量表

杆件类型	钢板编号	材质	规格(mm)	单位重(kg/块)	个数	重量(kg)
HL3a	N1	Q420qD	□450×25×4116	363.5	1	363.5
	N2		□1250×16×4116	646.2	1	646.2
	N3		□450×25×4116	363.5	1	363.5
	N4		t=16	116.9	1	116.9
	N5		t=16	116.9	1	116.9
	N6		t=25	20.4	8	163.3
	N7		□380×10×1100	32.8	4	131.3
	N8		□185×16×720	16.7	16	267.7
	N9		□130×12×1100	13.5	6	80.8
	高强螺栓		M24×80	428.6kg/1000个	88	37.7
			M24×70	394.2kg/1000个	4	1.6
			M24×100	501.7kg/1000个	128	64.2
	螺母		M24	202.7kg/1000个	220	44.6
	垫圈		M24	55.8kg/1000个	440	24.5
	一个节段小计					2422.7 kg

HL3b杆件材料数量表

杆件类型	钢板编号	材质	规格(mm)	单位重(kg/块)	个数	重量(kg)
HL3b	N1	Q420qD	□450×25×4116	363.5	1	363.5
	N2		□1250×16×4116	646.2	1	646.2
	N3		□450×25×4116	363.5	1	363.5
	N4		t=16	117.3	1	117.3
	N5		t=16	117.3	1	117.3
	N6		t=25	20.4	8	163.3
	N7		□380×10×1100	32.8	4	131.3
	N8		□185×16×720	16.7	16	267.7
	N9		□130×12×1100	13.5	6	80.8
	高强螺栓		M24×80	428.6kg/1000个	88	37.7
			M24×70	394.2kg/1000个	4	1.6
			M24×100	501.7kg/1000个	128	64.2
	螺母		M24	202.7kg/1000个	220	44.6
	垫圈		M24	55.8kg/1000个	440	24.5
	一个节段小计					2423.6 kg

HL4杆件材料数量表

杆件类型	钢板编号	材质	规格(mm)	单位重(kg/块)	个数	重量(kg)
HL4	N1	Q420qD	□450×25×3996	352.9	1	352.9
	N2		□1450×16×3996	727.8	1	727.8
	N3		□450×25×3996	352.9	1	352.9
	N4		t=16	130.4	1	130.4
	N5		t=16	130.4	1	130.4
	N6		t=25	26.0	8	207.8
	N7		□380×10×1200	35.8	4	143.2
	N8		□185×16×720	16.7	16	267.7
	N9		□130×12×1300	15.9	6	95.5
	高强螺栓		M24×80	428.6kg/1000个	96	41.1
			M24×70	394.2kg/1000个	4	1.6
			M24×100	501.7kg/1000个	128	64.2
	螺母		M24	202.7kg/1000个	228	46.2
	垫圈		M24	55.8kg/1000个	456	25.4
	一个节段小计					2587.1 kg

横梁材料数量汇总表(双幅一联)

杆件类型	材质	规格(mm)	合计(kg)
横梁	Q420qD	t=8	45.0
		t=10	4959.9
		t=12	2898.3
		t=16	51628.8
		t=18	16929.3
		t=20	1731.8
		t=25	17992.3
		t=28	8566.5
	Q345qD	F150×150×6	9067.9
		HW200×200×8×12	21525.1
		HW250×250×9×14	30978.2
	圆柱头焊钉	Φ22×200	190.1(288个)
	高强螺栓	M24×70	182.9(464个)
		M24×80	2482.5(5792个)
		M24×100	1284.4(2560个)
	螺母	M24	1786.7(8816个)
	垫圈	M24	983.2(17632个)

3×50m 双向四车道工字组合梁	汽车荷载等级：公路—Ⅰ级
	桥梁宽度：2×12.75m
横梁一般构造	图号：SG-05

立面

A-A

C-C

B-B

主梁拼接缝材料数量表（双幅一联）

杆件类型	材料号	材质	规格（mm）	数量（块）	单位重（kg/块）	重量（kg）
拼接板	N1a	Q420qD	□270×18×1060	192	40.4	7756.8
	N1b		□270×25×1060	48	56.2	2697.6
	N2		□460×14×570	480	28.8	13824.0
	N3		□270×25×1400	240	74.2	17808.0

	螺栓型号×长度	数量（个）	单位重（kg/1000个）	重量（kg）
高强螺栓	M24×110	3456	538.8	1862.1
	M24×130	5760	612.9	3530.3
	M24×140	864	650.0	561.6
	M27×100	7200	665.7	4793.0
螺母	M24	10080	202.7	2043.2
	M27	7200	288.5	2077.2
垫圈	M24	20160	55.8	1124.9
	M27	14400	66.5	957.6

注
1.本图尺寸均以毫米为单位。
2.N1a适用于GPJ1a拼接缝，N1b适用于GPJ1b拼接缝。
3.N3适用于GPJ1a、GPJ1b拼接缝。
4.M27×100适用于腹板连接处，M24×110适用于GPJ1a顶板连接处，
  M24×130适用于底板连接处，M24×140适用于GPJ1b顶板连接处。

3×50m 双向四车道工字组合梁

汽车荷载等级：公路—I级

桥梁宽度：2×12.75m

主梁拼接大样

图号：SG-06

A-A

立面

C-C

B-B

主梁拼接缝材料数量表（双幅一联）

杆件类型	材料号	材质	规格 (mm)	数量 (块)	单位重 (kg/块)	重量 (kg)
拼接板	N1	Q420qD	□270×18×1060	96	40.4	3878.4
	N2		□550×14×570	192	34.5	6624.0
	N3		□270×36×1400	96	106.8	10252.8
	螺栓型号×长度			数量 (个)	单位重 (kg/1000个)	重量 (kg)
高强螺栓	M24×110			1728	538.8	931.0
	M24×170			2304	761.2	1753.8
	M27×100			3456	665.7	2300.7
螺母	M24			4032	202.7	817.3
	M27			3456	288.5	997.1
垫圈	M24			8064	55.8	450.0
	M27			6912	66.5	459.6

注
1. 本图尺寸均以毫米为单位。
2. 本图适用于GPJ2拼接缝。
3. M27×100适用于腹板连接处，M24×110适用于顶板连接处，M24×170适用于底板连接处。

3×50m 双向四车道工字组合梁	汽车荷载等级：公路—Ⅰ级
	桥梁宽度：2×12.75m
主梁拼接大样	图号：SG-06

立面

C—C

A—A

B—B

1060
50 | 5×85 | 110 | 5×85 | 50

50 | 2×90 | 2×90 | 50
110

50 | 2×90 | 2×90 | 50
110

460
460
460
460

150
150
150

4×90
4×90
4×90
4×90

50
50

570

50 | 5×85 | 110 | 5×85 | 50
1060

GL
N2
GL

N1

N3

270 | 270
50 | 2×85 | 50 | 2×85 | 50

GL

N2 | N2

N3

50 | 2×85 | 50 | 2×85 | 50
270 | 270

1060
50 | 5×85 | 110 | 5×85 | 50
50 | 2×85 | 50 | 2×85 | 270

270

N1

10

1060
50 | 5×85 | 110 | 5×85 | 50
50 | 2×85 | 50 | 2×85 | 270

270

N3

10

主梁拼接缝材料数量表（双幅一联）

杆件类型	材料号	材质	规格 (mm)	数量 （块）	单位重 （kg/块）	重量 （kg）
拼接板	N1	Q420qD	□270×18×1060	48	40.4	1939.2
	N2		□460×14×570	96	28.8	2764.8
	N3		□270×25×1060	48	56.2	2697.6
	螺栓型号×长度			数量 （个）	单位重 （kg/1000个）	重量 （kg）
高强螺栓	M24×110			864	538.8	465.5
	M24×130			864	612.9	529.5
	M27×100			1440	665.7	958.6
螺母	M24			1728	202.7	350.3
	M27			1440	288.5	415.4
垫圈	M24			3456	55.8	192.8
	M27			2880	66.5	191.5

注

1.本图尺寸均以毫米为单位。

2.本图适用于GPJ3拼接缝。

3.M27×100适用于腹板连接处，M24×110适用于顶板连接处，
M24×130适用于底板连接处。

3×50m 双向四车道工字组合梁	汽车荷载等级：公路—I级
	桥梁宽度：2×12.75m
主梁拼接大样	图号：SG-06

ZL1立面

4815

320 | 4×125 | 500 | 4×125 | 1000 | 4×125 | 500 | 4×125 | 495

圆柱头焊钉
φ22×200

N1   N2

横梁中心线

50 | 85   85 | 50

107.5   107.5

B-B

100 | 100 | 100

N2

300   10   270   15

N1

300   15

A-A

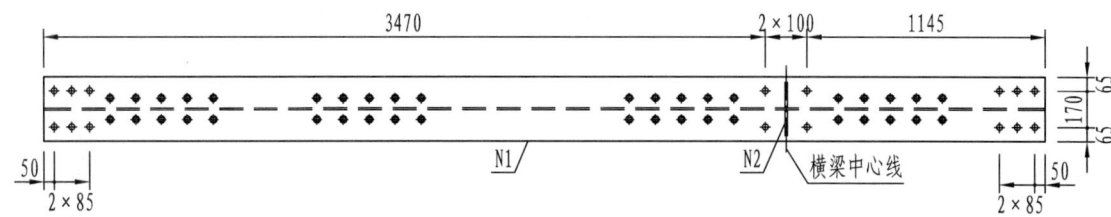

3470   2×100   1145

N1   N2   横梁中心线

50   50

2×85   2×85

65 | 65   170

ZL2立面

9990

495 | 4×125 | 500 | 4×125 | 1000 | 4×125 | 500 | 4×125 | 1000 | 4×125 | 500 | 4×125 | 1000 | 4×125 | 500 | 4×125 | 495

圆柱头焊钉
φ22×200

N2   N1   N2

横梁中心线   横梁中心线

50 | 85   85 | 50

107.5   107.5

D-D

100 | 100 | 100

N2

300   10   270   15

N1

300   15

C-C

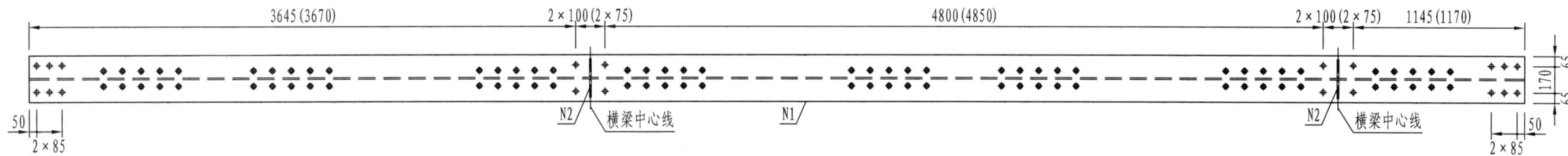

3645(3670)   2×100(2×75)   4800(4850)   2×100(2×75)   1145(1170)

N2   横梁中心线   N1   N2   横梁中心线

50   50

2×85   2×85

65 | 65   170

注
1.本图尺寸均以毫米为单位。
2.本图高强螺栓孔直径均为φ27mm。
3.本图所有加劲肋倒角均为30mm×30mm。
4.括号内尺寸适用于HL2a、HL2b、HL2c横梁处。

3×50m 双向四车道工字组合梁	汽车荷载等级: 公路—I级
	桥梁宽度: 2×12.75m
小纵梁一般构造	图号: SG-07

ZL3立面

圆柱头焊钉 φ22×200

N1   N2   横梁中心线

F-F

E-E

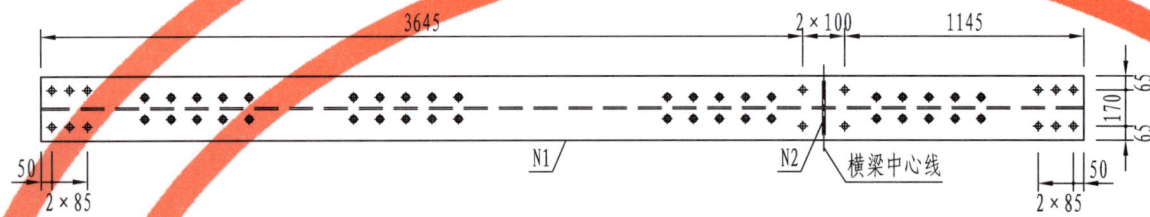

N1   N2   横梁中心线

ZL4立面

圆柱头焊钉 φ22×200

N2   N1   横梁中心线

H-H

G-G

N2   横梁中心线   N1

注
1. 本图尺寸均以毫米为单位。
2. 本图高强螺栓孔直径均为φ27mm。
3. 本图所有加劲肋倒角均为30mm×30mm。

3×50m 双向四车道工字组合梁	汽车荷载等级：公路—I级
	桥梁宽度：2×12.75m
小纵梁一般构造	图号：SG-07

立面 (适用于小纵梁间连接)

立面 (适用于小纵梁与端横梁间连接)

A-A

C-C

B-B

D-D

小纵梁杆件材料数量表 (双幅一联)

杆件类型	编号	材质	规格 (mm)	长度 (mm)	单件重 (kg)	数量 (块)	重量 (kg)
ZL1	N1		H300×300×10×15	4815	446.0	8	3568.1
	N2		□270×12×120	-	3.1	16	48.8
ZL2	N1		H300×300×10×15	9990	925.4	48	44417.9
	N2	Q420qD	□270×12×120	-	3.1	192	586.0
ZL3	N1		H300×300×10×15	4990	462.2	8	3697.8
	N2		□270×12×120	-	3.1	16	48.8
ZL4	N1		H300×300×10×15	7490	693.8	4	2775.2
	N2		□270×12×120	-	3.1	8	24.4
圆柱头焊钉			规格 (mm)	数量 (个)	单位重 (kg/1000个)		重量 (kg)
			φ22×200	4720	660.0		3115.2

小纵梁拼接材料数量表 (双幅一联)

杆件类型	编号	材质	规格 (mm)	单件重 (kg)	数量 (块)	重量 (kg)
拼接板	N1		□270×10×550	11.7	136	1591.2
	N2	Q420qD	□110×10×550	4.7	304	1428.8
	N3		□185×10×380	5.5	144	794.7
高强螺栓	螺栓型号×长度			数量 (个)	单位重 (kg/1000个)	重量 (kg)
	M24×70			576	394.2	227.1
	M24×80			1728	428.6	740.6
螺母	M24			2304	202.7	467.0
垫圈	M24			4608	55.8	256.9

注
1. 本图尺寸均以毫米为单位。
2. 本图高强螺栓孔直径均为φ27mm。
3. M24×70高强螺栓适用于腹板拼接板处连接。
4. M24×80高强螺栓适用于翼缘板拼接板处连接。

3×50m 双向四车道工字组合梁	汽车荷载等级: 公路—I级
	桥梁宽度: 2×12.75m
小纵梁一般构造	图号: SG-07

吊点位置示意

大样A

B-B

主梁临时吊点材料数量表(双幅一联)

编号	材质	规格 (mm)	单件重 (kg)	一组数量 (块)	共重 (kg)	全桥数量	总重 (kg)
N1		□246×28×300	16.2	1	16.2	22	356.4
N2	Q355C	t=22	6.4	1	6.4	22	140.8
N3		t=12	0.4	2	0.9	44	39.6
总计				536.8 kg			

高强螺栓	螺栓型号×长度	全桥数量(个)	单位重 (kg/1000个)	全桥合计 (kg)
	M24×110	88	538.8	47.4
螺母	M24	88	202.7	17.8
垫圈	M24	176	55.7	9.8

A-A

注
1. 本图尺寸均以毫米为单位。
2. 本图加劲肋倒角为20mm×20mm。
3. 本图适用于主梁钢梁节段临时吊装,各临时吊点结构可周转使用。
4. 本图吊点位置为主梁GL1节段,括号内数据适用于其余节段。

3×50m 双向四车道工字组合梁	汽车荷载等级: 公路-I级
	桥梁宽度: 2×12.75m
主梁临时吊点构造	图号: SG-08

立面

B-B

圆柱头焊钉 φ22×200

N2大样

N5大样

N6大样

A-A

φ63护栏预留螺栓孔

N7大样

挑梁材料数量汇总表(双幅一联)

编号	材质	规格 (mm)	一组数量 (块)	单件重 (kg)	共重 (kg)	数量	总重 (kg)
N1	Q420qD	□965×30×1060	1	240.9	240.9	8	1927.2
N2		t=16	1	54.5	54.5	8	436.0
N3		□120×12×442	8	5.0	40.0	8	319.8
N4		□100×8×1009	1	6.3	6.3	8	50.7
N5		□185×16×210	4	4.9	19.5	8	156.1
N6		□210×12×355	2	7.0	14.0	8	112.4
N7		□148×16×2434	1	45.2	45.2	8	361.6

圆柱头焊钉	规格 (mm)	数量(个)	单位重 (kg/1000个)	全桥合计 (kg)
	φ22×200	64	660.0	42.2

高强螺栓	螺栓型号×长度	数量(个)	单位重 (kg/1000个)	全桥合计 (kg)
	M24×85	64	446.1	28.6
	M24×110	64	538.8	34.5
螺母	M24	128	202.7	25.9
垫圈	M24	256	55.7	14.3

注
1. 本图尺寸均以毫米为单位。
2. 本图加劲肋倒角为30mm×30mm。
3. 护栏预留螺栓孔位置,P1桥面板侧采用括号外数值,P4桥面板侧采用括号内数值。

3×50m 双向四车道工字组合梁	汽车荷载等级: 公路—I级
	桥梁宽度: 2×12.75m
挑梁一般构造	图号: SG-09

部位	序号	适用位置	焊接方法	接头形式	坡口要求
主梁	1	顶板工厂对接	CO_2气体保护焊 埋弧自动焊（SAW）	1G/CJP	T=30/40/50; α=45°; R=6~8; 反面陶质衬垫
	2	底板工厂对接	CO_2气体保护焊 埋弧自动焊（SAW）	1G/CJP	T=36/48/55; α=45°; R=6~8; 反面陶质衬垫
	3	腹板与顶板连接	CO_2气体保护焊	2G/CJP	T1=24; T2=30/40/50; α=β=50°; R=0~2; S=10, f=4; 反面碳刨清根
	4	腹板与底板连接	CO_2气体保护焊	2G/CJP	T1=24; T2=36/48/55; α=β=50°; R=0~2; S=10, f=4; 反面碳刨清根
	5	横梁位置处横隔板与工字钢连接	CO_2气体保护焊	2G/3G/CJP	T1=16; T2=30/36/40/50/55; α=β=50°; R=0~1; S=7, f=2
	6	腹板加劲肋与工字钢连接	CO_2气体保护焊	2G/3G/CJP	T1=18, T2=24/30/36; α=β=50°; R=0~1; S=8, f=2; 反面碳刨清根
	7	支座处横隔板与工字钢连接	CO_2气体保护焊	2G, 3G/CJP	T1=16/25, T2=30/36/40/50/55; α=β=50°; R=0~1; S=7/11, f=2; 反面碳刨清根
	8	支座垫板与底板	CO_2气体保护焊	2F/4F	T1=36/55; T2=40; L=15
	9	临时支座垫板与底板	CO_2气体保护焊	2F/4F	T1=36/55; T2=40; L=15

部位	序号	适用位置	焊接方法	接头形式	坡口要求
横梁	10	腹板与顶板连接	CO_2气体保护焊	2G/CJP	T1=16; T2=25/28; α=β=50°; R=0~2; S=7, f=2; 反面碳刨清根
	11	腹板与底板连接	CO_2气体保护焊	2G/CJP	T1=16; T2=20/25; α=β=50°; R=0~2; S=7, f=2; 反面碳刨清根
	12	端部横梁与小纵梁对接 横隔板与工字钢连接	CO_2气体保护焊	2G/3G/CJP	T1=16; T2=16/28; α=β=50°; R=0~1; f=2; S=7, f=2; 反面碳刨清根
	13	加劲肋与横梁连接	CO_2气体保护焊	2G, 3G/CJP	T1=12/16, T2=16/20/25/28; α=β=50°; R=0~1; S=5/7, f=2; 反面碳刨清根
挑梁	14	腹板与顶板连接	CO_2气体保护焊	2G/CJP	T1=16; T2=30; α=β=50°; R=0~2; S=7, f=2; 反面碳刨清根
	15	加劲肋与顶板/腹板连接	CO_2气体保护焊	2G, 3G/CJP	T1=12, T2=16/30; α=β=50°; R=0~1; S=5, f=2; 反面碳刨清根

注
1. 对于不同的板厚，顶板以主梁外缘（上缘）对齐，底板以主梁外缘（下缘）对齐。不同厚度板件间焊接时，较厚板件取1:8的坡度过渡。
2. 图中焊缝坡口尺寸及焊接参数的标注仅作为参考，实际参数取值应经焊接工艺评定试验确定。

3×50m 双向四车道工字组合梁	汽车荷载等级：公路—I级
	桥梁宽度：2×12.75m
焊缝大样	图号：SG-10

主梁　　　　主梁加劲肋　　　　主梁支座处　　　　主梁临时支座处　　　　挑梁

HL1横梁　　　　HL2a、HL2b、HL2c横梁　　　　HL3a、HL3b、HL4横梁

3×50m 双向四车道工字组合梁	汽车荷载等级：公路—Ⅰ级
	桥梁宽度：2×12.75m
焊缝设计	图号：SG-11

注
1. 本图须配合"焊缝大样"一并使用。

跨径布置示意

150000

50000　　50000　　50000

过渡墩　　　N+1墩　　　N+2墩　　　过渡墩

桥面板平面分块（单幅）

50000

75 980 2700　18×2500　1245

E1
P1 P2 P2 P2 P2 P2 P2 P2 P2 P2 P2 P2 P2 P2 P2 P2 P2 P3 P3'

F3 F1 F2

E2
P1a P2a P2a P2a P2a P2a P2a P2a P2a P2a P2a P2a P2a P2a P2a P2a P2a P3a P3a

E1

6135 480 6135 250 13000

过渡墩中心线　桥梁中心线　N+1墩中心线

A—A

50000

75 980 2700　17×2500　2500 1245
F3 P1a　P2a　P3a P3a

F1 大样D

250

过渡墩中心线　N+1墩中心线

B—B

26000/2
12750　250

1055 440 2240 180 2220 480 2220 180 2240 440 1055

2.0%

250

大样A 大样C 大样B 桥梁中心线

大样A
C55自密实微膨胀混凝土　预制桥面板
440 250
垫条 50
GL 50 500 50

大样B
C55自密实微膨胀混凝土　预制桥面板
480 250
垫条 50
GL 50 500 50

大样C
C55自密实微膨胀混凝土　预制桥面板
180 250
垫条 ZL 50 200 50

大样D
C55自密实微膨胀混凝土
300 250
φ10密封条 10

注
1. 本图尺寸均以毫米为单位。
2. 预制桥面板采用C55混凝土，现浇湿接缝采用C55自密实微膨胀混凝土。
3. 浇筑桥面板湿接缝、剪力槽内混凝土前，应将预制桥面板与现浇混凝土之间的接触面凿毛并清洗干净。
4. 浇筑桥面板湿接缝时，应同时完成预制护栏底部凸形剪力键的浇筑。
5. 本图未示出护栏及其他附属结构预埋件。

3×50m 双向四车道工字组合梁
桥面板板块划分

汽车荷载等级：公路—I级
桥梁宽度：2×12.75m
图号：SG-12

跨径布置示意

桥面板平面分块（单幅）

A—A

注
1. 本图尺寸均以毫米为单位。
2. 预制桥面板采用C55混凝土，现浇湿接缝采用C55自密实微膨胀混凝土。
3. 浇筑桥面板湿接缝、剪力槽内混凝土前，应将预制桥面板与现浇混凝土之间的接触面凿毛并清洗干净。
4. 浇筑桥面板湿接缝时，应同时完成预制护栏底部凸形剪力键的浇筑。
5. 本图未示出护栏及其他附属结构预埋件。

3×50m 双向四车道工字组合梁	汽车荷载等级：公路—I级
	桥梁宽度：2×12.75m
桥面板板块划分	图号：SG-12

跨径布置示意

桥面板平面分块（单幅）

A—A

桥面板材料数量汇总表

桥面板编号	单幅板块数	单块预制板C55混凝土(m³)	单块预制板现浇C55自密实微膨胀混凝土(m³)	桥面板编号	单幅板块数	单块预制板C55混凝土(m³)	单块预制板现浇C55自密实微膨胀混凝土(m³)	预制板C55混凝土(m³)	预制板现浇C55自密实微膨胀混凝土(m³)	Ø10密封条(m)	50mm×50mm垫条(m)
P1	1	3.64	0.19	P4a	1	3.94	0.19				
P1a	1	3.64	0.19	F1	116		0.34				
P2	51	3.33	0.19	F2	1		21.30	单幅: 394.8 双幅: 789.6	单幅: 92.5 双幅: 185.0	单幅: 739.5 双幅: 1479.0	单幅: 1504.4 双幅: 3008.8
P2a	51	3.33	0.19	F3	2		见伸缩装置构造				
P3	6	3.33	0.19	E1	236		0.068				
P3a	6	3.33	0.19	E2	236		0.028				
P4	1	3.94	0.19								

注
1. 本图尺寸均以毫米为单位。
2. 预制桥面板采用C55混凝土，现浇湿接缝采用C55自密实微膨胀混凝土。
3. 浇筑桥面板湿接缝、剪力槽内混凝土前，应将预制桥面板与现浇混凝土之间的接触面凿毛并清洗干净。
4. 浇筑桥面板湿接缝时，应同时完成预制护栏底部凸形剪力键的浇筑。
5. 本图未示出护栏及其他附属结构预埋件。
6. 垫条现场加工时应进行精准下料调整。

3×50m 双向四车道工字组合梁	汽车荷载等级：公路—Ⅰ级
	桥梁宽度：2×12.75m
桥面板板块划分	图号：SG-12

P1预制板

P1a预制板

C

6135

130 250 675 440 2240 180 2220

415
570
1220
650 655
1470
405
210 1840 2545 1750

290
145
640
620
1500
380
550
2690
635

A-A

1055 440 2240 180 2220

2.0%
250
6135

C-C

635 620 380 620 145 290
250
2690
90 160

C

6135

2220 180 2240 440 675 250 130

290
145
640
620
380
1500
2690
635
550

415
570
650
650
405
210

B-B

2220 180 2240 440 1055

2.0%
250
6135

图例:

◯ Φ60mm护栏预留螺栓孔

⊘ Φ170mm桥面泄水孔

▣ 吊点

▨ 剪力槽口

注

1. 本图尺寸均以毫米为单位。
2. 预制桥面板采用C55混凝土,桥面板现浇湿接缝采用C55自密实微膨胀混凝土。
3. 预制桥面板顶、底面混凝土保护层厚度均为3cm。
4. 预制桥面板应存放6个月以上才可安装。
5. 预制桥面板混凝土强度达到80%标准强度后才可脱模吊装。
6. 预制桥面板表面平整度应小于±3mm。
7. 预制桥面板堆放时,支点应布置在钢梁腹板中心对应位置。
8. 本图未示出护栏等桥面系设施,施工时应注意护栏垫板和钢管的预埋。
9. 吊点、滴水槽、护栏底座、预制板端部构造大样详见SG-13-4。

3×50m 双向四车道工字组合梁	汽车荷载等级: 公路—I级
	桥梁宽度: 2×12.75m
桥面板一般构造	图号: SG-13

P2/P3预制板

P2a/P3a预制板

A-A

B-B

C-C

图例：

○　φ60mm护栏预留螺栓孔

⊘　φ170mm桥面泄水孔

▣　吊点

▨　剪力槽口

注

1. 本图尺寸均以毫米为单位。
2. 预制桥面板采用C55混凝土，桥面板现浇湿接缝采用C55自密实微膨胀混凝土。
3. 预制桥面板顶、底面混凝土保护层厚度均为3cm。
4. 预制桥面板应存放6个月以上才可安装。
5. 预制桥面板混凝土强度达到80%标准强度后才可脱模吊装。
6. 预制桥面板表面平整度应小于±3mm。
7. 预制桥面板堆放时，支点应布置在钢梁腹板中心对应位置。
8. 本图未示出护栏等桥面系设施，施工时应注意护栏垫板和钢管的预埋。
9. 预制时注意P2/P3预制板泄水孔的设置。
10. 吊点、滴水槽、护栏底座、预制板端部构造大样见SG-13-4。

3×50m 双向四车道工字组合梁	汽车荷载等级：公路－I级
	桥梁宽度：2×12.75m
桥面板一般构造	图号：SG-13

P4预制板

P4a预制板

A-A

B-B

C-C

图例:

○ φ60mm护栏预留螺栓孔

⊘ φ170mm桥面泄水孔

▣ 吊点

▨ 剪力槽口

注
1. 本图尺寸均以毫米为单位。
2. 预制桥面板采用C55混凝土,桥面板现浇湿接缝采用C55自密实微膨胀混凝土。
3. 预制桥面板顶、底面混凝土保护层厚度均为3cm。
4. 预制桥面板应存放6个月以上才可安装。
5. 预制桥面板混凝土强度达到80%标准强度后才可脱模吊装。
6. 预制桥面板表面平整度应小于±3mm。
7. 预制桥面板堆放时,支点应布置在钢梁腹板中心对应位置。
8. 本图未示出护栏等桥面系设施,施工时应注意护栏垫板和钢管的预埋。
9. 吊点、滴水槽、护栏底座、预制板端部构造大样详见SG-13-4。

3×50m 双向四车道工字组合梁	汽车荷载等级: 公路—I 级
	桥梁宽度: 2×12.75m
桥面板一般构造	图号: SG-13

吊点大样 (顺桥向)

M42吊环螺母
螺旋钢筋
M42螺栓
预埋钢板

140
30
38
204
138
174
250
16
20
38
7

预埋钢板
φ43
170
170

150
50
108
亚10螺旋钢筋
100

PE螺纹帽大样

30°
M42
30
2
35
φ72.02
65 0 -0.5

吊环螺母大样

φ80
φ144
75
37
34
42
82

滴水槽及护栏底座大样

130
250
25
200
25
2%
50
210
滴水槽 R=10
滴水槽 R=10
50
73
护栏预留螺栓孔

预制板端部大样

30
20
260
30
90 60 80
30
100 100
30

桥面板吊点预埋件数量表

名称	规格 (mm)	材料	单件重 (kg)	数量	共重 (kg)	全桥合计 (共236个) (kg)
预埋钢板	□170×16×170	Q355C	3.63	4	14.5	3422.0
螺栓	M42×194			4套		944套
吊环螺母	M42			4套		96套

螺旋钢筋	直径 (mm)	单根长 (mm)	根数	总长 (m)	单位重 (kg/m)	共重 (kg)	全桥合计 (共236个) (kg)
	亚10	1825	4	7.30	0.617	4.50	1062.0

注
1. 本图尺寸均以毫米为单位。
2. 吊点预埋钢板应与桥面板横向钢筋焊接。
3. 吊点孔处的M42螺栓与预埋钢板采用焊接连接，预埋于预制板中；吊装时旋拧M42吊环螺母与螺栓对接，吊装结束后再拆除M42吊环螺母，该吊环螺母可周转使用。
4. 预制板浇筑前，吊点孔处的螺栓应安装定制的PE螺纹帽予以防护，该防护帽在吊装前拆除，可周转使用。

3×50m 双向四车道工字组合梁	汽车荷载等级: 公路—I级
	桥梁宽度: 2×12.75m
桥面板一般构造	图号: SG-13

立面

125 150 2×140 220 5×125 150 17×125 150 18×125 60 450
6135
250
N2 N1 N5

平面

A
6135
125 150 2×140 220 5×125 150 17×125 150 18×125 60
N2 N3
N1
100 2×135 160 3×125 80 130 210
2690
N5
A

槽口加强钢筋大样

N6 N6
4×125 N7 4×125 N8
B B
125 100 125

B-B

75 100 75
N6 N6
N7 N8

Φ16 N1
6376
R86 2838
270 2598
400

Φ20 N2
13410
6398
R66 6198
207 400

Φ20 N3
6556
6556

Φ12 N5
388
98

Φ16 N6
190
190

Φ16 N7
2896
554
160
734

Φ16 N8
2376
294
160
734

A-A

N5
N1 N2 N3
250
338 85 2×125 130 75 125 120 2×110 150 130 80 210 80 130 3×125 160 2×135 100
2690

一块桥面板钢筋明细表

编号	直径(mm)	单根长(cm)	根数	总长(m)	单位重(kg/m)	总重(kg)	小计(kg)	C55混凝土(m³)
N1	Φ16	6376	47	299.67	1.580	473.5		
N2	Φ20	13410	19	254.79	2.470	629.3		
N3	Φ20	6556	2	13.11	2.470	32.4		
N5	Φ12	388	90	34.92	0.888	31.0	1222.3	3.64
N6	Φ16	190	76	14.44	1.580	22.8		
N7	Φ16	2896	4	11.58	1.580	18.3		
N8	Φ16	2376	4	9.50	1.580	15.0		

注
1.本图尺寸均以毫米为单位。
2.桥面板保护层厚度为3cm。
3.N1、N2钢筋均采用单面焊接，焊缝长度不小于5d。
4.本图适用于P1板。

3×50m 双向四车道工字组合梁

汽车荷载等级：公路—Ⅰ级

桥梁宽度：2×12.75m

桥面板钢筋构造

图号：SG-14

立面

平面

A—A

槽口加强钢筋大样

一块桥面板钢筋明细表

编号	直径(mm)	单根长(cm)	根数	总长(m)	单位重(kg/m)	总重(kg)	小计(kg)	C55混凝土(m³)
N1	Φ16	6376	48	306.05	1.580	483.6		
N2	Φ20	13410	20	268.20	2.470	662.5		
N3	Φ20	6556	2	13.11	2.470	32.4		
N5	Φ12	388	90	34.92	0.888	31.0	1265.5	3.64
N6	Φ16	190	76	14.44	1.580	22.8		
N7	Φ16	2896	4	11.58	1.580	18.3		
N8	Φ16	2376	4	9.50	1.580	15.0		

注
1. 本图尺寸均以毫米为单位。
2. 桥面板保护层厚度为3cm。
3. N1、N2钢筋均采用单面焊接，焊缝长度不小于5d。
4. 本图适用于P1a板。

3×50m 双向四车道工字组合梁	汽车荷载等级：公路—I级
	桥梁宽度：2×12.75m
桥面板钢筋构造	图号：SG-14

立面

平面

A-A

槽口加强钢筋大样

B-B

一块桥面板钢筋明细表

编号	直径(mm)	单根长(cm)	根数	总长(m)	单位重(kg/m)	总重(kg)	小计(kg)	C55混凝土(m³)
N1	Φ16	5180	47	243.46	1.580	384.7		
N2	Φ20	13410	17	227.97	2.470	563.1		
N3	Φ20	6556	2	13.11	2.470	32.4		
N4	Φ16	2015	41	82.62	1.580	130.5		
N4a	Φ16	1620	6	9.72	1.580	15.4	1208.0	3.33
N5	Φ12	388	75	29.10	0.888	25.8		
N6	Φ16	190	76	14.44	1.580	22.8		
N7	Φ16	2896	4	11.58	1.580	18.3		
N8	Φ16	2376	4	9.50	1.580	15.0		

注

1. 本图尺寸均以毫米为单位。
2. 桥面板保护层厚度为3cm。
3. N1、N2、N4a钢筋均采用单面焊接,焊缝长度不小于5d。
4. 本图适用于P2板。

3×50m 双向四车道工字组合梁	汽车荷载等级:公路－Ⅰ级
	桥梁宽度:2×12.75m
桥面板钢筋构造	图号:SG-14

立面

6135

450 | 60 | 18×125 | 150 | 17×125 | 150 | 9×125 | 150 | 125

N5 N1 N2

250

槽口加强钢筋大样

N6 N6

B

4×125

N7 N8

4×125

B

125 100 125

平面

A

6135

60 | 18×125 | 150 | 17×125 | 150 | 9×125 | 150 | 125

N3 N2

N1

N5

N4/N4a

122.5 | 17×125 | 2×137.5 | 16×125 | 2×137.5 | 8×125 | 177.5 | 160

A

130 | 140 | 69 | 4×125 | 95 | 155 | 8×125 | 101 | 140 | 160

2490

B-B

75 | 100 | 75

N6 N6

N7 N8

Φ16 N1
5180

270 | 2240
400 | 2000

R86

Φ12 N5
388

98

Φ16 N6
190

190

Φ20 N2
13410

207 | 6398
400 | 6198

R66

554

734

160 Φ16 N7
2896

Φ20 N3
6556

6556

294

734

160 Φ16 N8
2376

Φ16 N4
2015

935 | 145
R46

Φ16 N4a
1620

585 | 145
R46

200 | 545

A-A

250

N5 N5 N1 N2 N3

288 | 160 | 140 | 101 | 8×125 | 155 | 95 | 4×125 | 69 | 140 | 130

2490

一块桥面板钢筋明细表

编号	直径(mm)	单根长(cm)	根数	总长(m)	单位重(kg/m)	总重(kg)	小计(kg)	C55混凝土(m³)
N1	Φ16	5180	48	248.64	1.580	392.9		
N2	Φ20	13410	17	227.97	2.470	563.1		
N3	Φ20	6556	2	13.11	2.470	32.4		
N4	Φ16	2015	41	82.62	1.580	130.5		
N4a	Φ16	1620	6	9.72	1.580	15.4	1216.2	3.33
N5	Φ12	388	75	29.10	0.888	25.8		
N6	Φ16	190	76	14.44	1.580	22.8		
N7	Φ16	2896	4	11.58	1.580	18.3		
N8	Φ16	2376	4	9.50	1.580	15.0		

注
1. 本图尺寸均以毫米为单位。
2. 桥面板保护层厚度为3cm。
3. N1、N2、N4a钢筋均采用单面焊接，焊缝长度不小于5d。
4. 本图适用于P2a板。

3×50m 双向四车道工字组合梁	汽车荷载等级：公路—I级
	桥梁宽度：2×12.75m
桥面板钢筋构造	图号：SG-14

槽口加强钢筋大样

立面

平面

B-B

A-A

一块桥面板钢筋明细表

编号	直径 (mm)	单根长 (cm)	根数	总长 (m)	单位重 (kg/m)	总重 (kg)	小计 (kg)	C55混凝土 (m³)
N1	Φ20	5220	47	245.34	2.470	606.0		
N2	Φ20	13410	17	227.97	2.470	563.1		
N3	Φ20	6556	2	13.11	2.470	32.4		
N4	Φ20	2615	41	107.22	2.470	264.8		
N4a	Φ20	1660	6	9.96	2.470	24.6	1572.9	3.33
N5	Φ12	388	75	29.10	0.888	25.8		
N6	Φ16	190	76	14.44	1.580	22.8		
N7	Φ16	2896	4	11.58	1.580	18.3		
N8	Φ16	2376	4	9.50	1.580	15.0		

注
1. 本图尺寸均以毫米为单位。
2. 桥面板保护层厚度为3cm。
3. N1、N2、N4a钢筋均采用单面焊接,焊缝长度不小于5d。
4. 本图适用于P3板。

3×50m 双向四车道工字组合梁	汽车荷载等级: 公路—Ⅰ级
	桥梁宽度: 2×12.75m
桥面板钢筋构造	图号: SG-14

立面

6135

450 | 60 | 18×125 | 150 | 17×125 | 150 | 9×125 | 150 | 125

250

N5 N1 N2

平面

A

6135

60 | 18×125 | 150 | 17×125 | 150 | 9×125 | 150 | 125

N3 N2
N1

130 | 140 | 69
4×125
155 | 95
2490
8×125
160 | 140 | 101

N5

N4/N4a

122.5 | 17×125 | 2×137.5 | 16×125 | 2×137.5 | 8×125 | 177.5 | 160

A

槽口加强钢筋大样

4×125 N6 N6 4×125
N7 N8
B B
125 | 100 | 125

B-B

75 | 100 | 75
N6 N6
N7 N8

Φ20 N1 5220
R86 270 2240 400 2040

Φ12 388 N5 Φ16 190 N6
98

Φ20 N2 13410
R66 207 6398 400 6198

Φ16 2896 N7
554 | 160 | 734

Φ20 6556 N3
6556

Φ16 2376 N8
294 | 160 | 734

Φ20 2615 N4
1235 | 145 | R46

Φ20 1660 N4a
585 | 145 | R46 200 585

A-A

N5 N5 N1 N2 N3
250
288 | 160 | 140 | 101 | 8×125 | 155 | 95 | 4×125 | 69 | 140 | 130
2490

一块桥面板钢筋明细表

编号	直径(mm)	单根长(cm)	根数	总长(m)	单位重(kg/m)	总重(kg)	小计(kg)	C55混凝土(m³)
N1	Φ20	5220	48	250.56	2.470	618.9		
N2	Φ20	13410	17	227.97	2.470	563.1		
N3	Φ20	6556	2	13.11	2.470	32.4		
N4	Φ20	2615	41	107.22	2.470	264.8		
N4a	Φ20	1660	6	9.96	2.470	24.6	1585.8	3.33
N5	Φ12	388	75	29.10	0.888	25.8		
N6	Φ16	190	76	14.44	1.580	22.8		
N7	Φ16	2896	4	11.58	1.580	18.3		
N8	Φ16	2376	4	9.50	1.580	15.0		

注
1. 本图尺寸均以毫米为单位。
2. 桥面板保护层厚度为3cm。
3. N1、N2、N4a钢筋均采用单面焊接，焊缝长度不小于5d。
4. 本图适用于P3a板。

3×50m 双向四车道工字组合梁

汽车荷载等级：公路—I级

桥梁宽度：2×12.75m

桥面板钢筋构造

图号：SG-14

立面

6135

125 | 150 | 2×140 | 220 | 5×125 | 150 | 17×125 | 150 | 18×125 | 60 | 450

250

N2 N1 N5

平面

6135

125 | 150 | 2×140 | 220 | 5×125 | 150 | 17×125 | 150 | 18×125 | 60

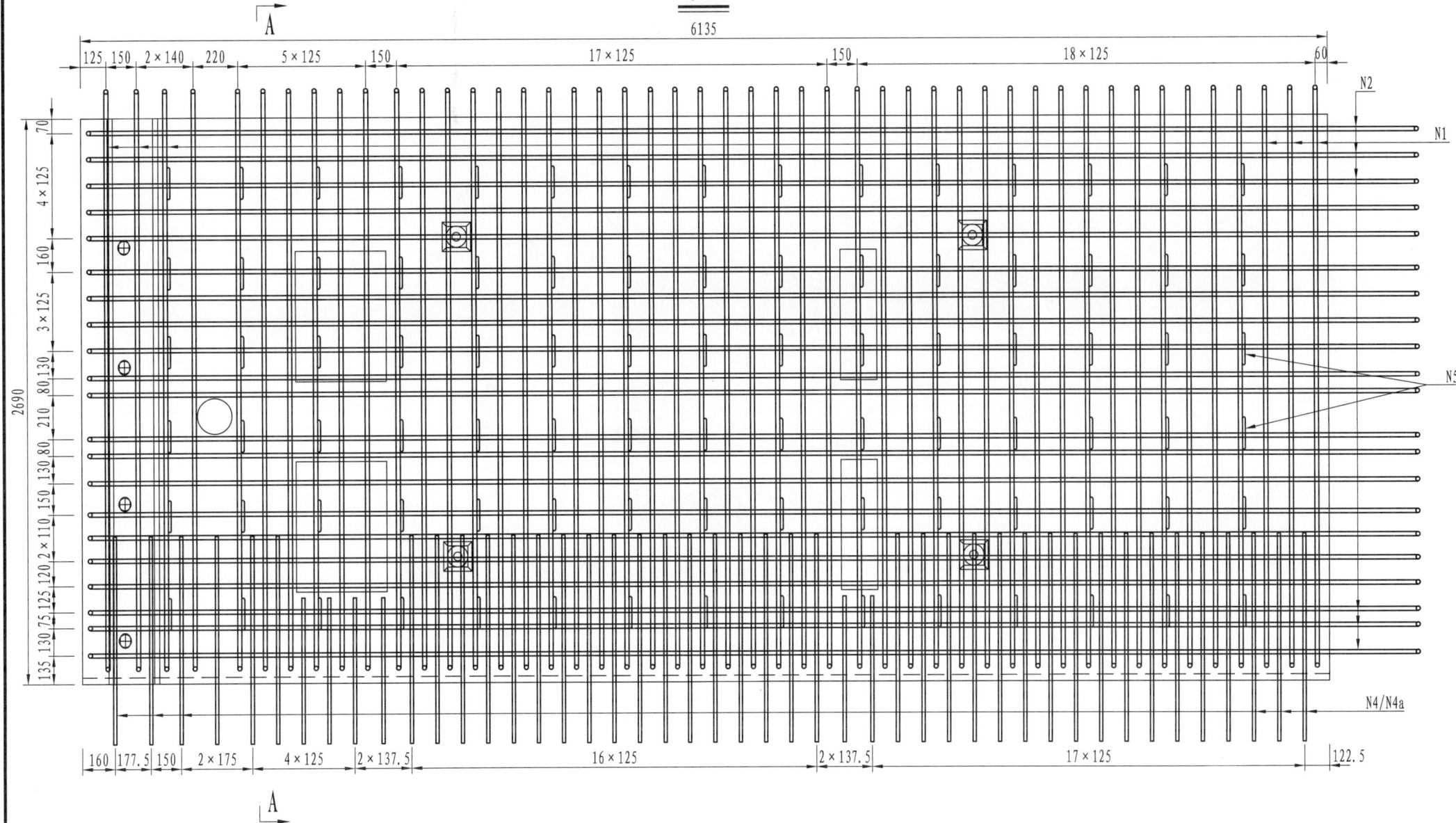

A

N2
N1

70
4×125
160
3×125
2690
80 130
210
130 80
150
2×110
120 75 125 130

N5

N4/N4a

160 | 177.5 | 150 | 2×175 | 4×125 | 2×137.5 | 16×125 | 2×137.5 | 17×125 | 122.5

A

槽口加强钢筋大样

N6 N6
N7 N8
4×125 4×125
B B
125 100 125

B-B

75 100 75
N6 N6
N7 N8

Φ16 N1 5856
R86 270 | 2778 | 400 2538

Φ20 N2 13410
R66 207 | 6398 | 400 6198

Φ16 N4 2015
935 | 145 R46

Φ16 N4a 1620
585 | 145 R46
200 545

Φ12 N5 388 98

Φ16 N6 190

Φ16 N7 2896
554 | 160 | 734

Φ16 N8 2376
294 | 160 | 734

A-A

N4 N5 N1 N2

250

288 | 135 130 75 125 120 2×110 150 130 80 210 80 130 | 3×125 | 160 | 4×125 | 70 | 338
2690

一块桥面板钢筋明细表

编号	直径(mm)	单根长(cm)	根数	总长(m)	单位重(kg/m)	总重(kg)	小计(kg)	C55混凝土(m³)
N1	Φ16	5856	47	275.23	1.580	434.9	1363.5	3.94
N2	Φ20	13410	21	281.61	2.470	695.6		
N4	Φ16	2015	41	82.62	1.580	130.5		
N4a	Φ16	1620	6	9.72	1.580	15.4		
N5	Φ12	388	90	34.92	0.888	31.0		
N6	Φ16	190	76	14.44	1.580	22.8		
N7	Φ16	2896	4	11.58	1.580	18.3		
N8	Φ16	2376	4	9.50	1.580	15.0		

注
1. 本图尺寸均以毫米为单位。
2. 桥面板保护层厚度为3cm。
3. N1、N2、N4a钢筋均采用单面焊接，焊缝长度不小于5d。
4. 本图适用于P4板。

3×50m 双向四车道工字组合梁	汽车荷载等级：公路—I级
	桥梁宽度：2×12.75m
桥面板钢筋构造	图号：SG-14

立面

6135

450 | 60 | 18×125 | 150 | 17×125 | 150 | 9×125 | 150 | 125

250

N5　N1　N2

平面

6135

60 | 18×125 | 150 | 17×125 | 150 | 9×125 | 150 | 125

N2
N1

N5

N4/N4a

122.5 | 17×125 | 2×137.5 | 16×125 | 2×137.5 | 8×125 | 177.5 | 160

8×125 | 155 | 95 | 2690 | 160 | 140 | 101 | 160

槽口加强钢筋大样

N6

N7　N6　N8

125 | 100 | 125

B-B

N6　N7　N6　N8

75 | 100 | 75

Φ16　N1
5856
270
400
2778
2538
R86

Φ20　N2
13410
207
400
6398
6198
R66

Φ16　N4
2015
935 | 145 | R46

Φ16　N4a
1620
585 | 145 | R46
200 | 545

Φ12　N5
388
98

Φ16　N6
190
190

Φ16　N7
2896
554 | 160
734

Φ16　N8
2376
294 | 160
734

A-A

250

N5　N5　N1　N2

288 | 160 | 140 | 101 | 8×125 | 155 | 95 | 8×125 | 39 | 338
2690

一块桥面板钢筋明细表

编号	直径 (mm)	单根长 (cm)	根数	总长 (m)	单位重 (kg/m)	总重 (kg)	小计 (kg)	C55混凝土 (m³)
N1	Φ16	5856	48	281.09	1.580	444.1		
N2	Φ20	13410	21	281.61	2.470	695.6		
N4	Φ16	2015	41	82.62	1.580	130.5		
N4a	Φ16	1620	6	9.72	1.580	15.4	1372.7	3.94
N5	Φ12	388	90	34.92	0.888	31.0		
N6	Φ16	190	76	14.44	1.580	22.8		
N7	Φ16	2896	4	11.58	1.580	18.3		
N8	Φ16	2376	4	9.50	1.580	15.0		

注

1. 本图尺寸均以毫米为单位。
2. 桥面板保护层厚度为3cm。
3. N1、N2、N4a钢筋均采用单面焊接，焊缝长度不小于5d。
4. 本图适用于P4a板。

3×50m 双向四车道工字组合梁	汽车荷载等级：公路一Ⅰ级
	桥梁宽度：2×12.75m
桥面板钢筋构造	图号：SG-14

平面

预制板 预制板
预制板 预制板

横向湿接缝
纵向湿接缝

A-A
300
3×65 105
预制板 预制板
N2

B-B
480
115 95 60 95 115
预制板 预制板
N1

亚16 N1
149770
149770

亚16 N2
12673
12673

6135 480 6135
12750
300
105 3×65

桥面板湿接缝钢筋明细表

编号	直径(mm)	单根长(mm)	根数	总长(m)	单位重(kg/m)	总重(kg)	全桥个数	全桥总重(kg)	全桥(kg)
N1	亚16	149770	18	2695.86	1.580	4259.5	2	8519.0	29422.2
N2	亚16	12673	9	114.06	1.580	180.2	116	20903.2	
C55自密实微膨胀混凝土(m³)				一道横向湿接缝		0.67	116	77.7	113.2
				一道纵向湿接缝		17.75	2	35.5	

注
1.本图尺寸均以毫米为单位。

3×50m 双向四车道工字组合梁	汽车荷载等级：公路-I级
	桥梁宽度：2×12.75m
桥面板湿接缝钢筋构造	图号：SG-15

平面

纵向湿接缝钢筋

预制板

预制板

预制桥面板钢筋

大样A

A-A

大样A

B-B

亚16 N1
1983

亚20 N2
12693

亚12 N3
388

伸缩装置处现浇段钢筋数量表

编号	直径(mm)	单根长(mm)	根数	总长(m)	单位重(kg/m)	重量(kg)	全桥(共4道)(kg)
N1	亚16	1983	99	196.32	1.580	310.2	1240.8
N2	亚20	12693	16	203.09	2.470	501.6	2006.4
N3	亚12	388	102	39.58	0.888	34.1	136.4

注

1. 本图尺寸均以毫米为单位。
2. 现浇段采用C55钢纤维混凝土,其数量已计入伸缩装置构造图中。
3. N1钢筋与预制桥面板顺桥向钢筋对应布置。
4. 现浇段混凝土浇筑前应注意伸缩装置定位钢筋的预埋。
5. P1/P1a板侧现浇段预留螺栓孔采用括号外尺寸,P4/P4a板侧采用括号内尺寸。
6. 两侧护栏预留螺栓孔对称布置,本图仅示出一侧。

3×50m 双向四车道工字组合梁	汽车荷载等级: 公路-I级
	桥梁宽度: 2×12.75m
伸缩装置处现浇段钢筋构造	图号: SG-16

灯柱底座横断面

A-A

滴水槽

法兰盘大样

8-Φ26mm孔

8根M24
N6

灯柱底座钢筋立面

桥面板纵向钢筋

B-B

桥面板横向钢筋

桥面板纵向钢筋

一个灯柱底座材料数量表（一）

编号	规格(mm)	单件重(kg)	数量	总重(kg)
N5	Φ360×10	6.77	1	6.8
N6	M24×600	2.31	8	18.5
N7	M24定位螺母	0.01	8	0.1
合 计				25.4

一个灯柱底座材料数量表（二）

编号	直径(mm)	单根长(cm)	根数	总长(m)	单位重(kg/m)	总重(kg)
N1	Φ18	204.8	2	4.1	2.000	8.2
N1a	Φ18	158.8	2	3.2	2.000	6.4
N2	Φ18	220.5	2	4.4	2.000	8.8
N2a	Φ18	180.7	2	3.6	2.000	7.2
N3	Φ12	67.3	4	2.7	0.888	2.4
N3a	Φ12	76.5	4	3.1	0.888	2.7
N4	Φ12	61.5	8	4.9	0.888	4.4
C55混凝土 (m³)						0.2

注
1. 本图尺寸除钢筋直径以毫米计外，其余均以厘米为单位。
2. 地脚螺栓外露长度应不小于100mm。
3. 底座法兰盘和地脚螺栓的外露部分需进行热浸镀锌处理，厚度120μm。
4. 本图仅适用于设置有路灯的桥梁，路灯间距为25m。

3×50m 双向四车道工字组合梁	汽车荷载等级：公路-I级
	桥梁宽度：2×12.75m
桥面板灯柱底座钢筋构造	图号：SG-17

支座平面布置

桥台跨径线
桥台背墙前缘线
支座中心线
桥墩中心线／支座中心线
桥墩中心线
支座中心线
桥墩中心线
桥梁中心线

GQQZ2.5SX　GQQZ5.0HX　GQQZ5.0SX　GQQZ2.5SX
GQQZ3.0ZX　GQQZ6.0GD　GQQZ6.0ZX　GQQZ3.0ZX
GQQZ2.5SX　GQQZ5.0HX　GQQZ5.0SX　GQQZ2.5SX

1275　5100　12750　5100　1275
35　575　49425　50000　49425　575

支座与主梁连接大样

高强螺栓　钢梁下翼缘
支座钢垫板
第一水平摩擦面
第二水平摩擦面
地脚螺栓
支座垫石
40
H

全桥球型支座参数表

支座规格	转角 φ (rad)	位移量 e (mm)	竖向承载力 (MN)	主要尺寸(mm)									高强螺栓	个数
				A	A1	B	B1	C	C1	D	D1	H		
GQQZ2.5SX	0.02	±100	2.5	620	560	420	360	420	360	340	280	120	M20×H	8
GQQZ5.0SX	0.02	±100	5.0	790	710	560	480	590	510	480	400	170	M27×H	4
GQQZ3.0ZX	0.02	±100	3.0	660	590	460	390	460	390	370	300	130	M24×H	4
GQQZ6.0ZX	0.02	±100	6.0	860	770	630	540	660	570	530	440	180	M30×H	2
GQQZ5.0HX	0.02	±15	5.0	620	540	570	490	590	510	480	400	170	M27×H	4
GQQZ6.0GD	0.02	—	6.0	500	410	500	410	660	570	530	440	155	M30×H	2

注
1. 本图尺寸均以毫米为单位。
2. 支座与桥梁的连接：支座与主梁下翼缘底面采用高强螺栓连接，与支座垫石采用地脚螺栓连接；高强螺栓长度由厂家根据支座位置及相应构造确定。
3. 安装要点：
  (1) 支座安装前应清理干净，并用丙酮或酒精清洗各滑移面；
  (2) 支座高程应符合设计要求，四角高差不大于2mm；
  (3) 支座安装时应考虑由于安装温度与设计基准温度不同引起的纵向错开距离；
  (4) 支座安装时上下导向挡块应保持平行，交叉角不得大于5°；
  (5) 支座中心线与钢梁中心线应重合；
  (6) 安装地脚螺栓时，其外露螺母顶面的高度不得大于螺母的厚度。
4. 支座处梁底应严格调平，消除受纵坡影响的高差。
5. 图中HX表示横向活动支座，ZX表示纵向活动支座，SX表示双向活动支座，GD表示固定支座。

支座构造

横桥向
B
B1
D1
D
H

顺桥向
A
A1
C1
C

3×50m 双向四车道工字组合梁	汽车荷载等级：公路—Ⅰ级
	桥梁宽度：2×12.75m
支座布置及构造	图号：SG-18

泄水管横向布置

柔性砂浆填缝
透水混凝土填缝
桥面铺装
收集沥青层间水
2mm厚柔性黏结剂
2mm厚柔性黏结剂
预制桥面板
螺纹对接接头

40
20
2%
2%
100
155
250
8 Φ152 8
50
100
150
300
W1
W2
W3
R700

W1、W2大样

R8A
R76

W3大样

252
348
Φ152

螺纹对接接头大样

8 Φ152 8
100
W1端部
外侧壁设螺纹
M162×3

M162×3
W2端部
内侧壁设螺纹
100
8 Φ152 8

一个泄水管材料数量表

编号	代号	名称及规格 (mm)	数量	单件重 (kg)	总重 (kg)
1	W1	Φ168×8×400	1	12.63	12.63
2	W2	Φ168×8×560	1	17.68	17.68
3	W3	□348×252×10	1	5.46	5.46

注
1. 本图尺寸均以毫米为单位。
2. 泄水管构件W1、W2、W3采用S31603不锈钢材质。
3. 泄水管安装就位后，出水口应朝远离钢梁一端。
4. 预制排水沟与护栏底座内侧预留间隙为40mm，采用柔性砂浆填缝；
   预制排水沟与桥面铺装间预留间隙为20mm，采用透水混凝土填缝。
5. 如需采用集中排水方案，应进行专项设计。

3×50m 双向四车道工字组合梁	汽车荷载等级：公路—I级
	桥梁宽度：2×12.75m
桥面排水构造	图号：SG-19

排水沟敷设剖面

球墨铸铁盖板
透水混凝土填缝
桥面铺装

40 20 150 20 20

85

柔性砂浆填缝
2mm厚柔性黏结剂
10mm厚柔性砂浆
收集沥青层间水

泄水口处剖面

球墨铸铁盖板
透水混凝土填缝
桥面铺装

40 20 150 20 20

85

柔性砂浆填缝
2mm厚柔性黏结剂
收集沥青层间水
2mm厚柔性黏结剂

$\phi152$
$\phi168$
8
泄水孔

泄水口处纵剖面

球墨铸铁盖板

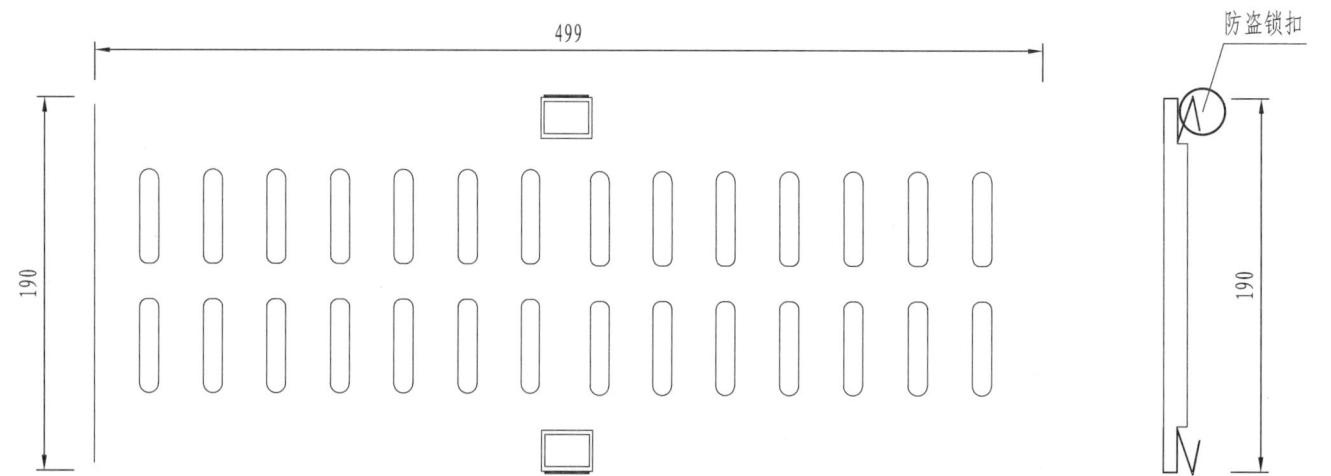

85

$\phi152$
$\phi168$
泄水孔

球墨铸铁盖板

防盗锁扣

499

190

190

注
1.本图尺寸均以毫米为单位。

3×50m 双向四车道工字组合梁	汽车荷载等级：公路－I级
	桥梁宽度：2×12.75m
桥面排水构造	图号：SG-19

预制树脂混凝土排水沟

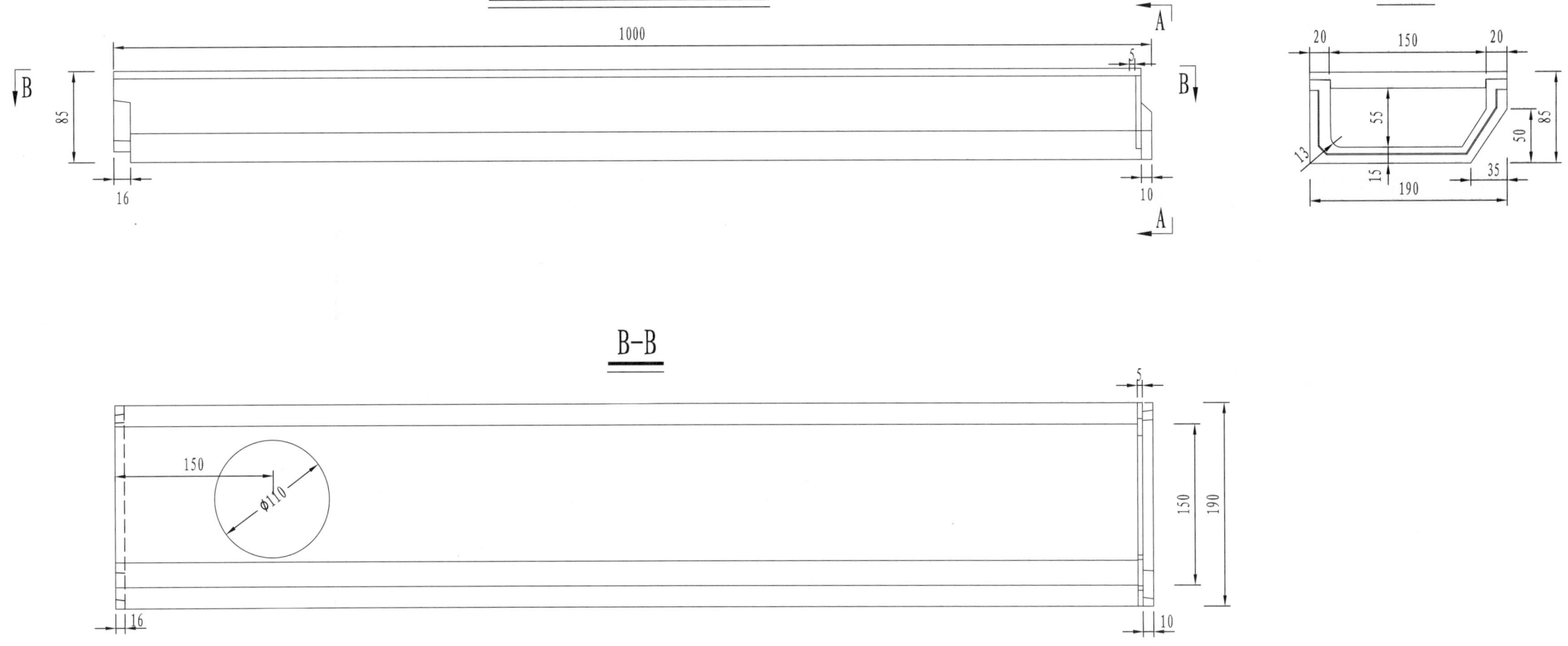

1000

85

16

5

10

A-A

20 150 20

55

13

15

190

35

50

85

B-B

150

Φ110

150

190

16

10

普通型水泥胶结剂技术要求

性能	指标
拉伸胶黏原强度	≥0.5MPa
浸水后的拉伸胶黏强度	≥0.5MPa
热老化后的拉伸胶黏强度	≥0.5MPa
冻融循环后的拉伸胶黏强度	≥0.5MPa
晾晒20min后的拉伸胶黏强度	≥0.5MPa

柔性砂浆技术要求

性能	指标
抗折强度（28d）	>6MPa
抗压强度（28d）	>18MPa
柔韧性（横向变形能力）	>1mm
黏结强度（28d）	>1MPa

注
1. 本图尺寸均以毫米为单位。
2. 排水槽采用预制树脂混凝土排水沟，沟体单元采用公母扣承插连接。
3. 预制树脂混凝土排水沟采用的材料，要求其抗压强度>90MPa、抗折强度>22MPa、密度2.1~2.3kg/dm³。
4. 排水沟盖板的材质为QT500-7球墨铸铁，应符合《检查井盖》（GB/T 23858-2009）的规定；沟体与盖板采用防盗卡扣连接固定；盖板采用环氧富锌底漆和改性乙烯基黑色面漆进行防腐涂装，油漆涂层厚度为60μm；该排水系统承压能力为静荷载C250。
5. 排水沟盖板顶面高程低于完成的桥面铺装层顶面3~5mm，使排水顺畅。
6. 预制排水沟、盖板、填缝料的外观颜色为黑色。
7. 黏结剂采用普通型水泥基胶结剂(C1)，其性能应满足《陶瓷砖胶粘剂》（JC/T 547-2017）的要求。
8. 透水混凝土性能指标应符合《透水混凝土》（JC/T 2558-2020）的规定，且宜满足抗压强度≥40MPa，抗折强度≥3.5MPa，透水系数≥8mm/s。

3×50m 双向四车道工字组合梁	汽车荷载等级：公路－I级
	桥梁宽度：2×12.75m
桥面排水构造	图号：SG-19

单幅护栏布置

护栏参数表

桥型	B (cm)	L (cm)	N
3×50m连续	1275	15000	59

注
1. 本图尺寸均以厘米为单位。
2. SSi表示护栏等级为SS级；SAi表示护栏等级为SA级。
3. 外侧护栏采用SS级，内侧护栏采用SA级。
4. e为梁端距墩中心线(桥台跨径线)距离，具体数值见相关图纸。
5. 本图桥面板布置仅为示意。

3×50m 双向四车道工字组合梁	汽车荷载等级: 公路—I级
	桥梁宽度: 2×12.75m
预制混凝土护栏总体布置	图号: SG-20

护栏横断面

立面

护栏端部连接处示意 (C-C)

凸剪力键

凹剪力槽

C
N+1墩

N+2墩

φ40高强钢棒

预制桥面板

钢垫板N1

凹剪力槽

密封环氧树脂

φ40高强钢棒

桥面板

护栏底部连接处示意(B-B)

A-A

钢垫板N1大样

注
1. 本图尺寸均以厘米为单位。
2. 相邻预制护栏的剪力槽应一个为凸面，另一个为凹面，本图仅为示意，预制施工时根据护栏的实际位置调整凹凸面形式。
3. 相邻预制护栏间、护栏与桥面板间匹配面环氧树脂作为密封黏结材料。
4. 高强螺纹钢棒及其连接构造详见"预制护栏连接构造"。
5. 护栏预制时注意吊点的预埋，吊点设置详见"预制护栏吊点构造"。
6. 本图适用于SS1型预制护栏，用于桥面板宽度2.5m区段外侧预制护栏，护栏编号见"预制混凝土护栏总体布置"。

单个2.5m预制护栏工程量

名称	规格	单位重	数量	总重(kg)
高强螺纹钢棒(φ40×980mm)	42CrMo		4套	
钢垫板N1	45号钢	6.008kg/个	4个	24.032
钢管(φ60×1.5mm L=30cm)	S31603不锈钢	0.707kg/根	4根	2.828
钢管(φ60×1.5mm L=27.4cm)	S31603不锈钢	0.645kg/根	4根	2.580

3×50m 双向四车道工字组合梁	汽车荷载等级：公路－Ⅰ级
	桥梁宽度：2×12.75m
外侧预制护栏一般构造	图号：SG-21

护栏横断面

立面

凹剪力槽

Φ40高强钢棒

现浇缝

预制桥面板

钢垫板N1

垫条

护栏端部连接处示意(D-D)

护栏端部连接处示意(C-C)

单个(123-e)m预制护栏工程量

名称	规格	单位重	数量	总重(kg)
高强螺纹钢棒[Φ40×(1030+t)mm]	42CrMo		2套	
钢垫板N1	45号钢	6.008kg/个	2个	12.016
钢管(Φ60×1.5mm L=30cm)	S31603不锈钢	0.707kg/根	2根	1.414
钢管(Φ60×1.5mm L=32.4cm)	S31603不锈钢	0.645kg/根	2根	1.290

护栏底部连接处示意(B-B)

A-A

钢垫板N1大样

注
1.本图尺寸均以厘米为单位。
2.相邻预制护栏的剪力槽应一个为凸面,另一个为凹面,本图仅为示意,预制施工时根据护栏的实际位置调整凹凸面形式。
3.相邻预制护栏间、护栏与桥面板间匹配面环氧树脂作为密封黏结材料。
4.高强螺纹钢棒及其连接构造详见"预制护栏连接构造"。
5.护栏预制时注意吊点的预埋,吊点设置详见"预制护栏吊点构造"。
6.e为梁端距墩中心线(桥台台背线)距离,具体数值见相关图纸。
7.本图适用于SS2型预制护栏,用于伸缩装置处外侧预制护栏,护栏编号见"预制混凝土护栏总体布置"。

3×50m 双向四车道工字组合梁	汽车荷载等级:公路-Ⅰ级
	桥梁宽度:2×12.75m
外侧预制护栏一般构造	图号:SG-21

护栏横断面

立面

护栏端部连接处示意(C-C)

护栏端部连接处示意(D-D)

护栏底部连接处示意(B-B)

A-A

钢垫板N1大样

单个(127-e)m预制护栏工程量

名称	规格	单位重	数量	总重(kg)
高强螺纹钢棒[Φ40×(1030+t)mm]	42CrMo		2套	
钢垫板N1	45号钢	6.008kg/个	2个	12.016
钢管(Φ60×1.5mm L=30cm)	S31603不锈钢	0.707kg/根	2根	1.414
钢管(Φ60×1.5mm L=32.4cm)	S31603不锈钢	0.645kg/根	2根	1.290

注

1.本图尺寸均以厘米为单位。
2.相邻预制护栏的剪力槽应一个为凸面,另一个为凹面,本图仅为示意,预制施工
时根据护栏的实际位置调整凹凸面形式。
3.相邻预制护栏间、护栏与桥面板间匹配面环氧树脂作为密封黏结材料。
4.高强螺纹钢棒及其连接构造详见"预制护栏连接构造"。
5.护栏预制时注意吊点的预埋,吊点设置详见"预制护栏吊点构造"。
6.e为梁端距墩中心线(桥台背线)距离,具体数值见相关图纸。
7.本图适用于SS3型预制护栏,用于伸缩装置处外侧预制护栏,护栏编号见
"预制混凝土护栏总体布置"。

3×50m 双向四车道工字组合梁	汽车荷载等级: 公路-Ⅰ级
	桥梁宽度: 2×12.75m
外侧预制护栏一般构造	图号: SG-21

护栏横断面

立面

凸剪力键

凹剪力槽

φ40高强钢棒

预制桥面板

钢垫板N1

护栏底部连接处示意(B-B)

A-A

护栏端部连接处示意(C-C)

钢垫板N1大样

注：
1. 本图尺寸均以厘米为单位。
2. 相邻预制护栏的剪力槽应一个为凸面，另一个为凹面，本图仅为示意，预制施工时根据护栏的实际位置调整凹凸面形式。
3. 相邻预制护栏间、护栏与桥面板间匹配面环氧树脂作为密封黏结材料。
4. 高强螺纹钢棒及其连接构造详见"预制护栏连接构造"。
5. 护栏预制时注意吊点的预埋，吊点设置详见"预制护栏吊点构造"。
6. 本图适用于SA1型预制护栏，用于桥面板宽度2.5m区段内侧预制护栏，护栏编号见"预制混凝土护栏总体布置"。

单个2.5m预制护栏工程量

名称	规格	单位重	数量	总重(kg)
高强螺纹钢棒(φ40×980mm)	42CrMo		4套	
钢垫板N1	45号钢	6.008kg/个	4个	24.032
钢管(φ60×1.5mm L=30cm)	S31603不锈钢	0.707kg/根	4根	2.828
钢管(φ60×1.5mm L=27.4cm)	S31603不锈钢	0.645kg/根	4根	2.580

3×50m 双向四车道工字组合梁

内侧预制护栏一般构造

汽车荷载等级：公路-Ⅰ级

桥梁宽度：2×12.75m

图号：SG-22

护栏横断面

立面

凹剪力槽

φ40高强钢棒

现浇缝

预制桥面板

钢垫板N1

垫条

护栏端部连接处示意(D-D)

护栏端部连接处示意(C-C)

单个(123-e)m预制护栏工程量

名称	规格	单位重	数量	总重(kg)
高强螺纹钢棒[φ40×(1030+t)mm]	42CrMo		2套	
钢垫板N1	45号钢	6.008kg/个	2个	12.016
钢管(φ60×1.5mm L=30cm)	S31603不锈钢	0.707kg/根	2根	1.414
钢管(φ60×1.5mm L=32.4cm)	S31603不锈钢	0.645kg/根	2根	1.290

护栏底部连接处示意(B-B)

A-A

钢垫板N1大样

1. 本图尺寸均以厘米为单位。
2. 相邻预制护栏的剪力槽应一个为凸面，另一个为凹面，本图仅为示意，预制施工时根据护栏的实际位置调整凹凸面形式。
3. 相邻预制护栏间、护栏与桥面板间匹配面配环氧树脂作为密封黏结材料。
4. 高强螺纹钢棒及其连接构造详见"预制护栏连接构造"。
5. 护栏预制时注意吊点的预埋，吊点设置详见"预制护栏吊点构造"。
6. e为梁端距墩中心线(桥台背线)距离，具体数值见相关图纸。
7. 本图适用于SA2型预制护栏，用于伸缩装置处内侧预制护栏，护栏编号见"预制混凝土护栏总体布置"。

3×50m 双向四车道工字组合梁	汽车荷载等级：公路—I级
	桥梁宽度：2×12.75m
内侧预制护栏一般构造	图号：SG-22

护栏横断面

立面

凸剪力键

预制桥面板

φ40高强钢棒

现浇缝

垫条

钢垫板N1

护栏端部连接处示意(C-C)

护栏端部连接处示意(D-D)

单个(127-e)m预制护栏工程量

名称	规格	单位重	数量	总重(kg)
高强螺纹钢棒[φ40×(1030+t)mm]	42CrMo		2套	
钢垫板N1	45号钢	6.008kg/个	2个	12.016
钢管(φ60×1.5mm L=30cm)	S31603不锈钢	0.707kg/根	2根	1.414
钢管(φ60×1.5mm L=32.4cm)	S31603不锈钢	0.645kg/根	2根	1.290

护栏底部连接处示意(B-B)

A-A

钢垫板N1大样

注
1. 本图尺寸均以厘米为单位。
2. 相邻预制护栏的剪力槽应一个为凸面,另一个为凹面,本图仅为示意,预制施工时根据护栏的实际位置调整凹凸面形式。
3. 相邻预制护栏间、护栏与桥面板间匹配面环氧树脂作为密封黏结材料。
4. 高强螺纹钢棒及其连接构造详见"预制护栏连接构造"。
5. 护栏预制时注意吊点的预埋,吊点设置详见"预制护栏吊点构造"。
6. e为梁端距墩中心线(桥台台背线)距离,具体数值见相关图纸。
7. 本图适用于SA3型预制护栏,用于伸缩装置处内侧预制护栏,护栏编号见"预制混凝土护栏总体布置"。

3×50m 双向四车道工字组合梁	汽车荷载等级: 公路—Ⅰ级
	桥梁宽度: 2×12.75m
内侧预制护栏一般构造	图号: SG-22

SS1型预制护栏钢筋立面（一节段）

预制护栏材料数量表（一节段）

编号	直径 (mm)	单根长 (cm)	根数	总长 (m)	单位重 (kg/m)	总重 (kg)	合计 (kg)
1	Φ22	126.1	20	25.22	2.980	75.2	
2	Φ22	123.0	12	14.76	2.980	44.0	
2a	Φ22	102.6	8	8.21	2.980	24.5	
3	Φ16	133.4	20	26.68	1.580	42.2	288.7
4	Φ12	263.4	18	47.41	0.888	42.1	
5	Φ12	均44.4	60	26.64	0.888	23.7	
5a	Φ12	64.2	20	12.84	0.888	11.4	
6	Φ12	30	96	28.80	0.888	25.6	
C50混凝土 (m³)							0.99

注
1. 本图尺寸除钢筋直径以毫米计外，其余均以厘米为单位。
2. 本图适用于SS1型护栏。
3. N1与N2、N3之间相互绑扎，N2a与N1单面焊接。
4. 图中未示出剪力键构造。
5. 本图混凝土量含剪力键工程量。

3×50m 双向四车道工字组合梁
外侧预制护栏钢筋构造

汽车荷载等级：公路—Ⅰ级
桥梁宽度：2×12.75m
图号：SG-23

SS2型预制护栏钢筋立面（一节段）

A-A

B-B

C-C

预制护栏材料数量表（一节段）

编号	直径(mm)	单根长(cm)	根数	总长(m)	单位重(kg/m)	总重(kg)	合计(kg)
1	Φ22	126.1	10	12.61	2.980	37.6	
2	Φ22	123.0	6	7.38	2.980	22.0	
2a	Φ22	102.6	4	4.10	2.980	12.2	
3	Φ16	133.4	10	13.34	1.580	21.1	144.7
4	Φ12	134.4-e	18	24.19	0.888	21.5	
5	Φ12	均44.4	30	13.32	0.888	11.8	
5a	Φ12	64.2	10	6.42	0.888	5.7	
6	Φ12	30	48	14.40	0.888	12.8	
C50混凝土（m³）							0.49

注
1. 本图尺寸除钢筋直径以毫米计外，其余均以厘米为单位。
2. 本图适用于SS2型护栏。
3. N1与N2、N3之间相互绑扎，N2a与N1单面焊接。
4. 图中未示出剪力键构造。
5. 本图混凝土量含剪力键工程量。

3×50m 双向四车道工字组合梁

外侧预制护栏钢筋构造

汽车荷载等级：公路—I级

桥梁宽度：2×12.75m

图号：SG-23

SS3型预制护栏钢筋立面（一节段）

A-A

B-B

C-C

预制护栏材料数量表（一节段）

编号	直径 (mm)	单根长 (cm)	根数	总长 (m)	单位重 (kg/m)	总重 (kg)	合计 (kg)
1	亚22	126.1	11	13.87	2.980	41.3	
2	亚22	123.0	7	8.61	2.980	25.7	
2a	亚22	102.6	4	4.10	2.980	12.2	
3	亚16	133.4	11	14.67	1.580	23.2	156.9
4	亚12	140.4-e	18	25.27	0.888	22.4	
5	亚12	均44.4	33	14.65	0.888	13.0	
5a	亚12	64.2	11	7.06	0.888	6.3	
6	亚12	30	48	14.40	0.888	12.8	
C50混凝土（m³）							0.50

注
1. 本图尺寸除钢筋直径以毫米计外，其余均以厘米为单位。
2. 本图适用于SS3型护栏。
3. N1与N2、N3之间相互绑扎，N2a与N1单面焊接。
4. 图中未示出剪力键构造。
5. 本图混凝土量含剪力键工程量。

3×50m 双向四车道工字组合梁	汽车荷载等级：公路—Ⅰ级
	桥梁宽度：2×12.75m
外侧预制护栏钢筋构造	图号：SG-23

SA1型预制护栏钢筋立面（一节段）

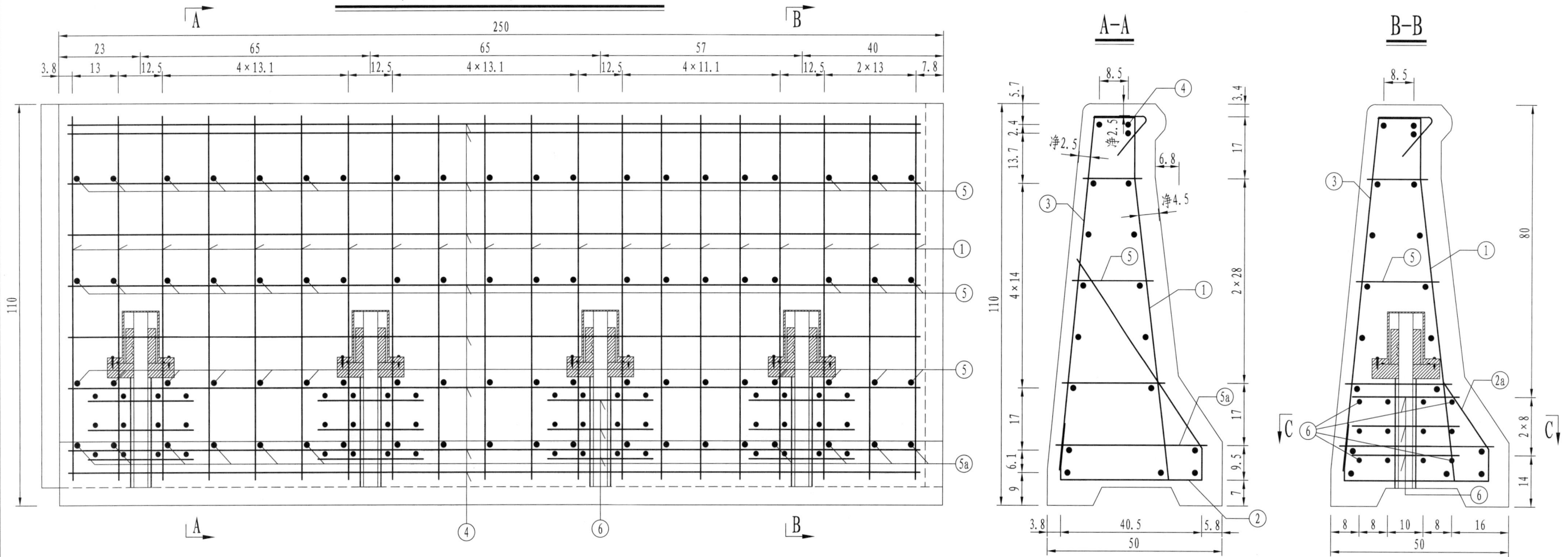

A-A

B-B

C-C

预制护栏材料数量表（一节段）

编号	直径(mm)	单根长(cm)	根数	总长(m)	单位重(kg/m)	总重(kg)	合计(kg)
1	Φ22	116.2	20	23.24	2.980	69.3	279.1
2	Φ22	122.0	12	14.64	2.980	43.6	
2a	Φ22	102.6	8	8.21	2.980	24.5	
3	Φ16	123.5	20	24.70	1.580	39.0	
4	Φ12	263.4	18	47.41	0.888	42.1	
5	Φ12	均44.2	60	26.52	0.888	23.6	
5a	Φ12	64.2	20	12.84	0.888	11.4	
6	Φ12	30	96	28.80	0.888	25.6	
C50混凝土(m³)							0.91

注
1. 本图尺寸除钢筋直径以毫米计外，其余均以厘米为单位。
2. 本图适用于SA1型护栏。
3. N1与N2、N3之间相互绑扎，N2a与N1单面焊接。
4. 图中未示出剪力键构造。
5. 本图混凝土量含剪力键工程量。

3×50m 双向四车道工字组合梁

内侧预制护栏钢筋构造

汽车荷载等级：公路－Ⅰ级

桥梁宽度：2×12.75m

图号：SG-24

SA2型预制护栏钢筋立面（一节段）

A-A

B-B

C-C

净2.5
净4.5

R1

预制护栏材料数量表（一节段）

编号	直径 (mm)	单根长 (cm)	根数	总长 (m)	单位重 (kg/m)	总重 (kg)	合计 (kg)
1	Φ22	116.2	10	11.62	2.980	34.6	
2	Φ22	122.0	6	7.32	2.980	21.8	
2a	Φ22	102.6	4	4.10	2.980	12.2	
3	Φ16	123.5	10	12.35	1.580	19.5	139.9
4	Φ12	134.4-e	18	24.19	0.888	21.5	
5	Φ12	均44.2	30	13.26	0.888	11.8	
5a	Φ12	64.2	10	6.42	0.888	5.7	
6	Φ12	30	48	14.40	0.888	12.8	
C50混凝土(m³)							0.45

注
1.本图尺寸除钢筋直径以毫米计外，其余均以厘米为单位。
2.本图适用于SA2型护栏。
3.N1与N2，N3之间相互绑扎，N2a与N1单面焊接。
4.图中未示出剪力键构造。
5.本图混凝土量含剪力键工程量。

3×50m 双向四车道工字组合梁	汽车荷载等级：公路—Ⅰ级
	桥梁宽度：2×12.75m
内侧预制护栏钢筋构造	图号：SG-24

SA3型预制护栏钢筋立面（一节段）

A-A

B-B

C-C

预制护栏材料数量表（一节段）

编号	直径 (mm)	单根长 (cm)	根数	总长 (m)	单位重 (kg/m)	总重 (kg)	合计 (kg)
1	Φ22	116.2	11	12.78	2.980	38.1	
2	Φ22	122.0	7	8.54	2.980	25.4	
2a	Φ22	102.6	4	4.10	2.980	12.2	
3	Φ16	123.5	11	13.59	1.580	21.5	151.7
4	Φ12	140.4-e	18	25.27	0.888	22.4	
5	Φ12	均44.2	33	14.59	0.888	13.0	
5a	Φ12	64.2	11	7.06	0.888	6.3	
6	Φ12	30	48	14.40	0.888	12.8	
C50混凝土（m³）							0.46

注
1. 本图尺寸除钢筋直径以毫米计外，其余均以厘米为单位。
2. 本图适用于SA3型护栏。
3. N1与N2、N3之间相互绑扎，N2a与N1单面焊接。
4. 图中未示出剪力键构造。
5. 本图混凝土量含剪力键工程量。

3×50m 双向四车道工字组合梁

汽车荷载等级：公路－Ⅰ级

桥梁宽度：2×12.75m

内侧预制护栏钢筋构造

图号：SG-24

预制护栏横断面

伸缩装置钢遮板N1

伸缩装置钢遮板N2

伸缩装置钢遮板N3

一道伸缩装置钢遮板材料用量表

钢板重量(kg)	21.8
锚栓(个)	10

注
1. 本图尺寸均以毫米为单位。
2. 钢板只在伸缩装置处设置，安装时先在护栏中预埋螺栓，安装钢板后用螺母紧固。
3. 所有钢板均采用S31603不锈钢，外露部分须涂装。
4. 锚栓及垫圈采用性能等级为A4-70和A4的不锈钢材料，应尽量减少螺栓外露长度。
5. D为梁端的间隙宽度。
6. 钢遮板涂料颜色应与混凝土颜色保持一致。

3×50m 双向四车道工字组合梁	汽车荷载等级: 公路—Ⅰ级
	桥梁宽度: 2×12.75m
外侧预制护栏钢遮板构造	图号: SG-25

预制护栏横断面

伸缩装置钢遮板N1

伸缩装置钢遮板N2

伸缩装置钢遮板N3

一道伸缩装置钢遮板材料用量表

钢板重量(kg)	20.9
锚栓(个)	10

注

1. 本图尺寸均以毫米为单位。

2. 钢遮板只在伸缩装置处设置，安装时先在护栏中预埋螺栓，安装钢板后用螺母紧固。

3. 所有钢板均采用S31603不锈钢，外露部分须涂装。

4. 锚栓及垫圈采用性能等级为A4-70和A4的不锈钢材料，应尽量减少螺栓外露长度。

5. D为梁端的间隙宽度。

6. 钢遮板涂料颜色应与混凝土颜色保持一致。

3×50m 双向四车道工字组合梁	汽车荷载等级：公路—Ⅰ级
	桥梁宽度：2×12.75m
内侧预制护栏钢遮板构造	图号：SG-26

预制护栏吊点立面（一节段）

预制护栏吊点断面

M24吊环螺母

护栏钢筋

M24螺栓

预埋钢板

预制钢板大样

预埋螺旋钢筋大样

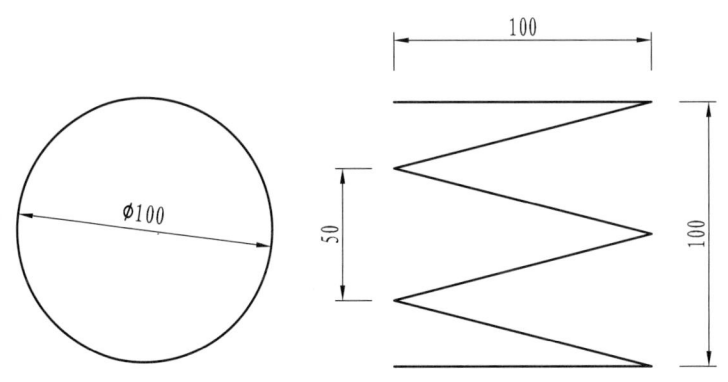

t=16mm
Ø26
120
120

Ø100
100
50

参数表

护栏名称	L (mm)	a (mm)	b (mm)
SS1、SA1	2500	525	1450
SS2、SA2	1230-e	250	730-e
SS3、SA3	1270-e	250	770-e

护栏吊点预埋板数量表

名称	规格(mm)	材料	数量	单件重(kg)	重量(kg)	全桥个数	全桥合计
预埋钢板	□120×16×120	Q355C	2	1.63	3.3	244	805.2kg
螺栓	M24×540		2套			244	488套
吊环螺母	M24		2套			25	50套
螺旋钢筋	直径(mm)	单根长(mm)	根数	总长(m)	单位重(kg/m)	共重(kg)	全桥个数	总重(kg)
	Φ10	1265	2	2.53	0.617	1.56	244	380.6

M24吊环螺母大样

Ø48
Ø88
21.5
45
24
49.4

21.4

PE螺纹帽大样

30°
M42
30
2
35
36 -0.5 +0
Ø39.55
10

注
1.本图尺寸均以毫米为单位。
2.吊点孔处M24螺栓与预制钢板之间采用焊接连接,预埋于预制护栏中,吊装时旋拧M24吊环螺母与螺栓对接,吊装后再拆除M24吊环螺母,该螺母可周转使用。
3.预制护栏浇筑前,吊点孔处的螺栓应安装定制的PE螺纹帽予以防护,该防护帽在吊装前拆除,可周转使用。

3×50m 双向四车道工字组合梁	汽车荷载等级: 公路—Ⅰ级
	桥梁宽度: 2×12.75m
预制护栏吊点构造	图号: SG-27

立面

500

预埋固定端保护罩大样

预埋固定端螺母大样

张拉端垫板大样

φ105

143

φ190

85

135

95

φ190

50

26

180

55

70

180

55

护栏

预埋固定端保护罩

预埋固定端螺母

φ60×1.5mm预埋管

φ40高强钢棒

剪力槽

桥面板

梁端现浇桥面板挑臂钢顶板（预制桥面板无此板）

螺旋钢筋

张拉端垫板

张拉端螺母

PE保护帽

45

135

300

50

t

100

200

250(300)

210

φ40高强螺纹钢棒大样

L

20

A-A

φ40高强螺纹钢棒牙形大样

7

90°

φ40

φ45.3

张拉端螺母大样

φ70

80.8

20

70

螺旋筋大样

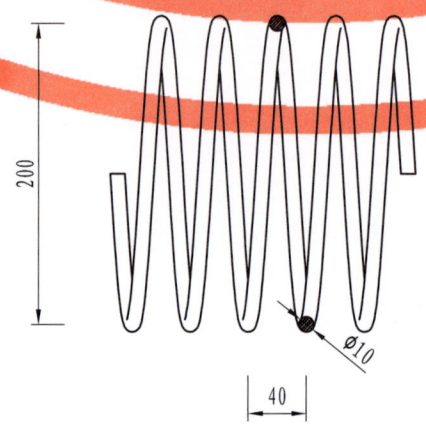

200

40

φ10

注：
1. 本图尺寸均以毫米为单位。
2. 高强螺纹钢棒、预埋固定端螺母、张拉端螺母材料为42CrMo，张拉端垫板材料为45号钢。
3. 高强螺纹钢棒屈服强度≥930MPa，抗拉强度≥1080MPa。
4. 高强螺纹钢棒螺纹采用冷挤压的加工方式，螺纹为连续滚压全螺纹形式。
5. 高强螺纹钢棒、螺母应按GB/T 4162的要求进行超声波探伤，A级合格；螺纹处应按
   NB/T 47013.5的要求进行渗透探伤，I级合格。
6. 高强螺纹钢棒、螺母进行达克罗防护处理，厚度10μm；垫板、保护罩和外露钢结构表面
   进行涂装；下端张拉锚固后，在螺纹处涂密封胶，然后安装PE保护帽防护。涂装方案、PE
   保护帽颜色与钢主梁相同。
7. 安装时，要求张拉端钢棒露出垫板外长度200mm，高强钢棒单根总长45+135+600+200=980mm
   （适用于预制桥面板连接用）/ 45+135+650+200+t=1030+t mm（适用于现浇桥面板连接用），
   张拉结束后，安装保护帽。
8. 钢棒的运输、安装过程中应避免受横向的冲击或碰撞。
9. 本锚固系统配套使用专业张拉机具；控制张拉力为500kN；适用于受轴向拉伸体系。
10. 固定端预埋件控制偏差不得超过10mm。
11. 固定端螺母及保护罩预埋于护栏内，张拉端垫板及锚下钢筋网预埋于桥面板内；本图仅给
    出单个钢棒桥面板锚下钢筋网工程量；钢棒及配套螺母、保护罩按套数计量，其具体数量
    及张拉端垫板、预埋管工程量详见"外侧、内侧预制护栏一般构造"。

预制护栏连接材料数量表

螺旋筋	直径(mm)	单根长(mm)	根数	总长(m)	单位重(kg/m)	总重(kg)
	Φ10	3145	1	3.1	0.617	1.9

3×50m 双向四车道工字组合梁

汽车荷载等级：公路—I级

桥梁宽度：2×12.75m

预制护栏连接构造

图号：SG-28

立 面

护栏　护栏

500　桥面宽度　500

平 面

980
500

360
235
100　100
Φ16
1030.0　N1

Φ16
903.0　N5
103
400

A—A

500　B　980

伸缩装置定位钢筋　N7　N6 N5　N2　N4 N3

300　100　200

桥台预埋钢筋

N1　钢梁顶面

100
250　400
50

165　360　10

360　42

理论路径线

N6/N7大样

桥梁宽度

100　200均布　100

N7:255
N6:355

M10×40螺栓

A大样

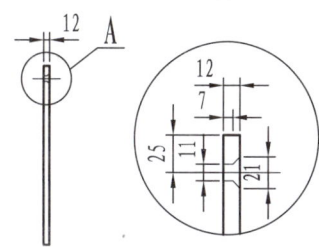

12
A

12
7
25
11　21

每延米材料数量表

编号	直径(mm)	根数	单根长(mm)	每延米总重(kg)	备 注
N1	Φ16	5	1030	8.1	HRB500 安装使用
N2	Φ16	6	1000	9.5	
N3	Φ16	7	1000	11.1	
N4	Φ16	10	500	7.9	
N5	Φ16	10	903	14.3	
N6	t=12	1	1000	33.4	与主梁同材质
N7	t=12	1	1000	24.0	
SCF-DX160型伸缩装置(m)				1.0	
C55钢纤维混凝土 (m³)				0.54	
M10×40螺栓 (套)				10	

注

1. 本图尺寸均以毫米为单位,性能应符合《单元式多向变位梳形板桥梁伸缩装置》(JT/T 723-2008)的要求,伸缩量为0~160mm。

2. 伸缩装置的安装梁端间隙尺寸B根据施工时的有效温度进行调整,设计中间值20℃时,设定为110mm。

3. N6钢板应在主梁加工时完成与主梁的焊接,并在浇筑伸缩装置槽口前完成与N5钢筋的焊接。

4. N7钢板应在浇筑桥台伸缩装置槽口混凝土前完成与伸缩装置定位钢筋的焊接。

5. N1钢筋与钢梁顶部焊接。

6. 伸缩装置的安装应严格按安装工艺进行,采用C55钢纤维混凝土浇筑。

7. 本图适用于桥台处。

3×50m 双向四车道工字组合梁	汽车荷载等级: 公路—I级
	桥梁宽度: 2×12.75m
伸缩装置构造	图号: SG-29

立 面

500 护栏

桥面宽度

500 护栏

平 面

360

Φ16 1030.0 N1

235

100 100

Φ16 903.0 N5

103

400

A-A

980

B

980

N3 N4 N5 伸缩装置定位钢筋 N6 N6 N5 N2

100 100

400 250 400 250

50 50

N1 钢梁顶面

钢梁顶面 N1

360 42 275 360

理论跨径线 10 注

每延米材料数量表

编号	直径(mm)	根数	单根长(mm)	每延米总重(kg)	备注
N1	Φ16	10	1030	16.3	
N2	Φ16	6	1000	9.5	
N3	Φ16	11	1000	17.4	HRB500
N4	Φ16	20	650	20.5	安装使用
N5	Φ16	20	903	28.5	
N6	t=12	2	1000	66.9	与主梁同材质
SCF-DX240型伸缩装置(m)				1.0	
C55钢纤维混凝土（m³）				0.78	
M10×40螺栓（套）				10	

N6大样

桥梁宽度

100 200均布 100

M10×40螺栓

355

A大样

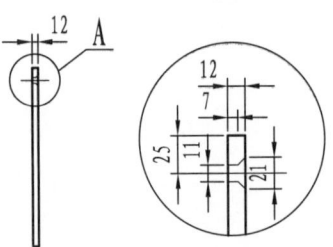

12 A

12 7

25 11 21

注

1. 本图尺寸均以毫米为单位,性能应符合《单元式多向变位梳形板桥梁伸缩装置》(JT/T 723-2008)的要求,伸缩量为0～240mm。
2. 伸缩装置的安装梁端间隙尺寸B根据施工时的有效温度进行调整,设计中间值20℃时,设定为150mm。
3. N6钢板应在主梁加工时完成与主梁的焊接,并在浇筑伸缩装置槽口前完成与N5钢筋的焊接。
4. N1钢筋与钢梁顶部焊接。
5. 伸缩装置的安装应严格按安装工艺进行,采用C55钢纤维混凝土浇筑。
6. 本图适用于过渡墩处。

3×50m 双向四车道工字组合梁	汽车荷载等级: 公路—I级
	桥梁宽度: 2×12.75m
伸缩装置构造	图号: SG-29

主梁预拱度设置（顶推法架设）

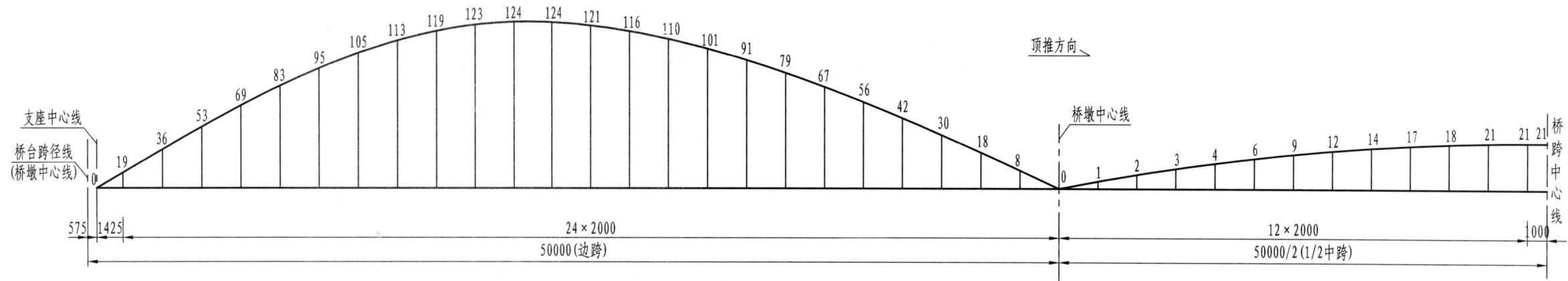

支座中心线
桥台跨径线
（桥墩中心线）

0 19 36 53 69 83 95 105 113 119 123 124 124 121 116 110 101 91 79 67 56 42 30 18 8

顶推方向

桥墩中心线

0 1 2 3 4 6 9 12 14 17 18 21 21 21

桥跨中心线

575 | 1425 | 24×2000 | 12×2000 | 1000
50000（边跨）
50000/2（1/2中跨）

主梁预拱度设置（吊装法架设）

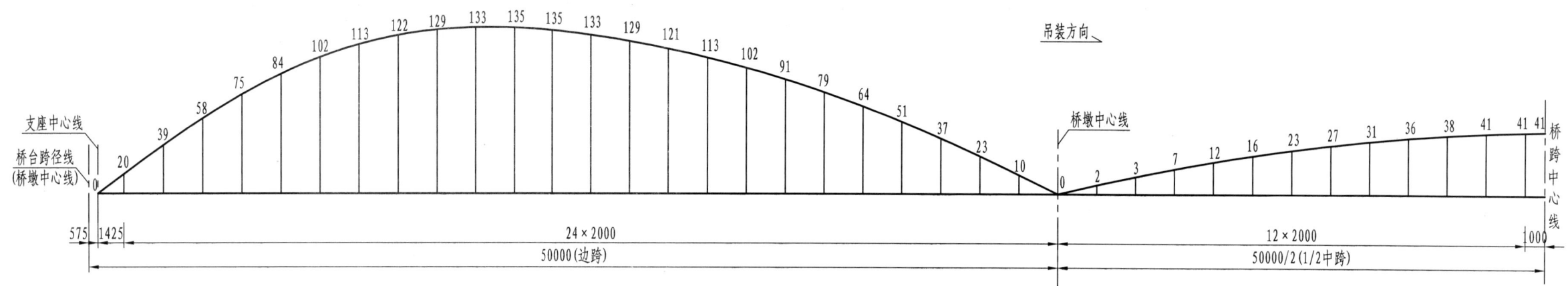

支座中心线
桥台跨径线
（桥墩中心线）

0 20 39 58 75 84 102 113 122 129 133 135 135 133 129 121 113 102 91 79 64 51 37 23 10

吊装方向

桥墩中心线

0 2 3 7 12 16 23 27 31 36 38 41 41 41

桥跨中心线

575 | 1425 | 24×2000 | 12×2000 | 1000
50000（边跨）
50000/2（1/2中跨）

注
1. 本图尺寸均以毫米为单位。
2. 主梁应严格按坐标放样制作，不得以直代曲。

3×50m 双向四车道工字组合梁	汽车荷载等级：公路—I级
	桥梁宽度：2×12.75m
主梁预拱度设置	图号：SG-30

第一步：
1.完成下部结构施工。

第二步：
1.钢梁加工制造，运输到桥位。
2.采用高强螺栓将主梁1~6号节段连接成第一吊装段。
3.在6号节段端部设置临时支架，并将7~12号节段连接成第二吊装段，并在临时支架上完成与第一吊装段的拼接。
4.在12号节段端部设置临时支架，并将13~17号节段连接成第三吊装段，并在临时支架上完成与第二吊装段的拼接，至此完成钢主梁的架设。

第三步：
1.利用起重机完成桥面板吊装。

第四步：
1.浇筑正弯矩区后浇带湿接缝。
2.浇筑负弯矩区后浇带湿接缝，完成钢梁与混凝土桥面板的固结。

正弯矩区　负弯矩区(3块板)　正弯矩区　负弯矩区(3块板)　正弯矩区

第五步：
1.拆除临时施工支架。
2.完成桥面铺装及其余附属设施。

注
1.本图施工方法为吊装法架设，适用于矮墩区域。
2.本图所示施工方法仅供参考使用，应结合现场具体情况进行结构复核验算。

3×50m 双向四车道工字组合梁

汽车荷载等级：公路—I级

桥梁宽度：2×12.75m

施工方案与流程示意

图号：SG-31

第一步:
1. 完成下部结构施工。

第二步:
1. 钢梁加工制造,运输到桥位。
2. 在一侧桥墩处进行拼装,并向另一侧桥墩方向顶推。
3. 在顶推的过程中采用拉杆和扣索控制梁端下挠。

第三步:
1. 钢梁顶推到位并落梁。
2. 利用起重机完成桥面板吊装。

正弯矩区　负弯矩区(3块板)　正弯矩区　负弯矩区(3块板)　正弯矩区

第四步:
1. 浇筑正弯矩区后浇带湿接缝。
2. 浇筑负弯矩区后浇带湿接缝,完成钢梁与混凝土桥面板的固结。

第五步:
1. 完成桥面铺装及其余附属设施。

注
1. 本图施工方法为顶推法架设,适用于高墩区域。
2. 本图所示施工方法仅供参考使用,应结合现场具体情况进行结构复核验算。

3×50m 双向四车道工字组合梁

施工方案与流程示意

汽车荷载等级: 公路—Ⅰ级

桥梁宽度: 2×12.75m

图号: SG-31